本書で学習する内容

本書でExcelの基本機能をしっかり学んで、ビジネスで役立つ本物のスキルを身に付けましょう。

基本操作をマスターし、データを入力しよう

第1章 Excelの基礎知識

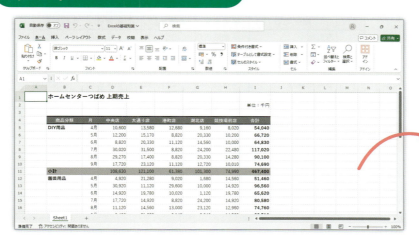

Excelの画面構成や基本操作はOffice共通！ひとつ覚えたらほかのアプリにも応用できる！

第2章 データの入力

文字列と数値の違いを理解して、データを入力しよう！

連続データを効率よく入力しよう！

表計算をはじめよう

第3章 表の作成

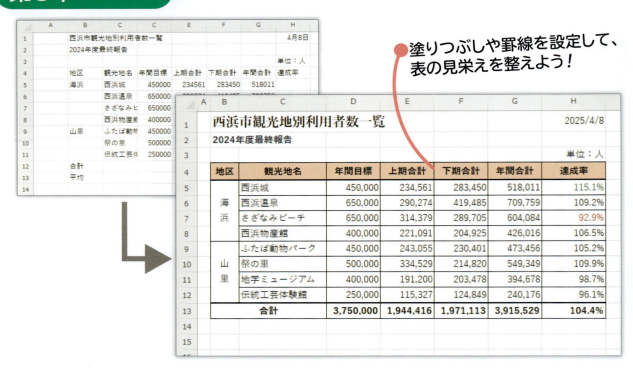

塗りつぶしや罫線を設定して、表の見栄えを整えよう！

第4章 数式の入力

関数を使って、簡単に計算しよう！

集計表の作成や印刷をしよう

第5章 複数シートの操作

複数のシートをまとめて、集計表を作成しよう！

第6章 表の印刷

用紙サイズや用紙の向きを変更して、大きな表を印刷しよう！

グラフ作成やデータ管理をしよう

第7章 グラフの作成

作成した表をもとにグラフを作ろう！

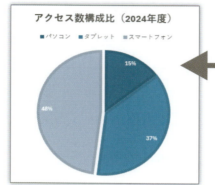

円グラフを使って、データの内訳を表現！

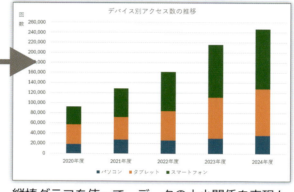

縦棒グラフを使って、データの大小関係を表現！

第8章 データベースの利用

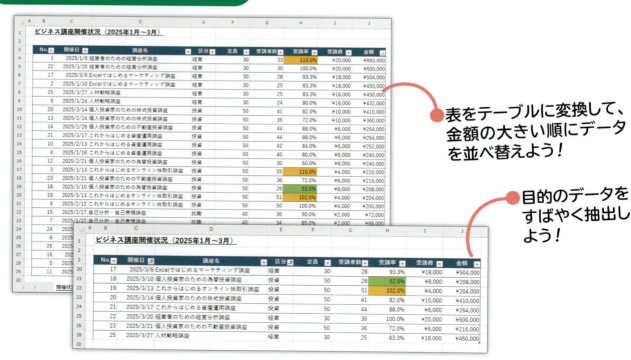

表をテーブルに変換して、金額の大きい順にデータを並べ替えよう！

目的のデータをすばやく抽出しよう！

便利な機能を使いこなそう

第9章 便利な機能

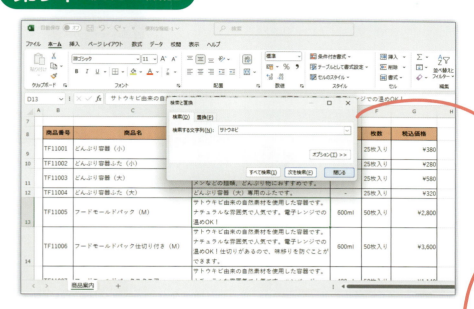

データを簡単に検索・置換！

ブックをPDFファイルとして保存すれば、閲覧用に配布するなど、活用方法もいろいろ！

スピルを使って、効率よく計算しよう！

本書を使った学習の進め方

1 学習目標を確認

学習をはじめる前に、「**この章で学ぶこと**」で学習目標を確認しましょう。
学習目標を明確にすると、習得すべきポイントが整理できます。

2 章の学習

学習目標を意識しながら、機能や操作を学習しましょう。

3 練習問題にチャレンジ

章の学習が終わったら、章末の「**練習問題**」にチャレンジしましょう。
章の内容がどれくらい理解できているかを確認できます。

本書の各章は、次のような流れで学習を進めると、効果的な構成になっています。

4 学習成果をチェック

章のはじめの「**この章で学ぶこと**」に戻って、学習目標を達成できたかどうかをチェックしましょう。
十分に習得できなかった内容については、該当ページを参照して復習しましょう。

5 総合問題にチャレンジ

すべての章の学習が終わったら、「**総合問題**」にチャレンジしましょう。
本書の内容がどれくらい理解できているかを確認できます。

6 実践問題で力試し

本書の学習の仕上げに、「**実践問題**」にチャレンジしてみましょう。
Excelをどれくらい使いこなせるようになったかを確認できます。

実践問題で力試し

本書の学習の仕上げに、実践問題にチャレンジしてみましょう。

実践問題は、どのような成果物を仕上げればいいのかを自ら考えて解く問題です。
問題文に記載されているビジネスシーンにおける上司や先輩からの指示・アドバイス、条件をもとに、Excelの機能や操作手順を考えながら問題にチャレンジしてみましょう。
標準解答の完成例と同じに仕上げる必要はありません。自分で最適と思える方法で操作してみましょう。

はじめに

多くの書籍の中から、「Excel 2024基礎 Office 2024／Microsoft 365対応」を手に取っていただき、ありがとうございます。

本書は、これからExcelをお使いになる方を対象に、表の作成や数式の入力、印刷、グラフの作成、データベースの利用などの機能についてわかりやすく解説しています。また、各章末の練習問題、総合問題、そして実務を想定した実践問題の3種類の練習問題を用意しています。これらの多様な問題を通して学習内容を復習することで、Excelの操作方法を確実にマスターできます。

巻末には、作業の効率化に役立つ「ショートカットキー一覧」を収録しています。

本書は、根強い人気の「よくわかる」シリーズの開発チームが、積み重ねてきたノウハウをもとに作成しており、講習会や授業の教材としてご利用いただくほか、自己学習の教材としても最適です。

本書を学習することで、Excelの知識を深め、実務にいかしていただければ幸いです。

本書を購入される前に必ずご一読ください

本書に記載されている操作方法は、2025年1月時点の次の環境で動作確認しております。
・Windows 11（バージョン24H2　ビルド26100.2894）
・Excel 2024（バージョン2411　ビルド16.0.18227.20082）
本書発行後のWindowsやOfficeのアップデートによって機能が更新された場合には、本書の記載のとおりに操作できなくなる可能性があります。あらかじめご了承のうえ、ご購入・ご利用ください。

2025年3月5日
FOM出版

◆Microsoft、Excel、Microsoft 365、OneDrive、Windowsは、マイクロソフトグループの企業の商標です。
◆QRコードは、株式会社デンソーウェーブの登録商標です。
◆その他、記載されている会社および製品などの名称は、各社の登録商標または商標です。
◆本文中では、TMや®は省略しています。
◆本文中のスクリーンショットは、マイクロソフトの許諾を得て使用しています。
◆本文およびデータファイルで題材として使用している個人名、団体名、商品名、ロゴ、連絡先、メールアドレス、場所、出来事などは、すべて架空のものです。実在するものとは一切関係ありません。
◆本書に掲載されているホームページやサービスは、2025年1月時点のもので、予告なく変更される可能性があります。

目次

■ 本書をご利用いただく前に ……………………………………………… 1

■ 第1章　Excelの基礎知識 …………………………………………… 9

この章で学ぶこと …………………………………………………… 10

STEP1　Excelの概要 ……………………………………………… 11
　● 1　Excelの概要 ………………………………………………… 11

STEP2　Excelを起動する ………………………………………… 15
　● 1　Excelの起動 ………………………………………………… 15
　● 2　Excelのスタート画面 ……………………………………… 16

STEP3　ブックを開く ……………………………………………… 17
　● 1　ブックを開く ……………………………………………… 17
　● 2　Excelの基本要素 …………………………………………… 19

STEP4　Excelの画面構成 ………………………………………… 20
　● 1　Excelの画面構成 …………………………………………… 20
　● 2　アクティブセルの指定 …………………………………… 22
　● 3　シートのスクロール ……………………………………… 23
　● 4　Excelの表示モード ……………………………………… 25
　● 5　表示倍率の変更 …………………………………………… 27
　● 6　シートの挿入 ……………………………………………… 28
　● 7　シートの切り替え ………………………………………… 29

STEP5　ブックを閉じる …………………………………………… 30
　● 1　ブックを閉じる …………………………………………… 30

STEP6　Excelを終了する ………………………………………… 32
　● 1　Excelの終了 ………………………………………………… 32

■ 第2章　データの入力 ……………………………………………… 33

この章で学ぶこと …………………………………………………… 34

STEP1　新しいブックを作成する ………………………………… 35
　● 1　新しいブックの作成 ……………………………………… 35

STEP2　データを入力する ………………………………………… 36
　● 1　データの種類 ……………………………………………… 36
　● 2　データの入力手順 ………………………………………… 36
　● 3　文字列の入力 ……………………………………………… 37
　● 4　数値の入力 ………………………………………………… 40
　● 5　日付の入力 ………………………………………………… 41

i

●6	データの修正 ……………………………………………………………	42
●7	列の幅より長い文字列の入力 ……………………………………………	44
●8	数式の入力と再計算 ………………………………………………………	46

STEP3 データを編集する ……………………………………………… 49
●1	移動 ……………………………………………………………………………	49
●2	コピー ………………………………………………………………………	51
●3	クリア ………………………………………………………………………	53

STEP4 セル範囲を選択する ………………………………………… 54
●1	セル範囲の選択 ……………………………………………………………	54
●2	行や列の選択 ………………………………………………………………	55
●3	コマンドの実行 ……………………………………………………………	56
●4	元に戻す ……………………………………………………………………	59

STEP5 ブックを保存する …………………………………………… 60
| ●1 | 名前を付けて保存 ………………………………………………………… | 60 |
| ●2 | 上書き保存 ………………………………………………………………… | 62 |

STEP6 オートフィルを利用する ………………………………… 63
| ●1 | オートフィルの利用 ……………………………………………………… | 63 |

練習問題 ………………………………………………………………… 68

■第3章 表の作成 ………………………………………………… 69

この章で学ぶこと …………………………………………………………… 70

STEP1 作成するブックを確認する ……………………………… 71
| ●1 | 作成するブックの確認 …………………………………………………… | 71 |

STEP2 関数を入力する ………………………………………………… 72
●1	関数 ……………………………………………………………………………	72
●2	SUM関数 ……………………………………………………………………	72
●3	AVERAGE関数 ……………………………………………………………	74

STEP3 罫線や塗りつぶしを設定する …………………………… 76
| ●1 | 罫線を引く ………………………………………………………………… | 76 |
| ●2 | セルの塗りつぶし ………………………………………………………… | 79 |

STEP4 表示形式を設定する ………………………………………… 80
●1	表示形式 ……………………………………………………………………	80
●2	3桁区切りカンマの表示 …………………………………………………	80
●3	パーセントの表示 …………………………………………………………	81
●4	小数点以下の表示 …………………………………………………………	83
●5	日付の表示 …………………………………………………………………	84

STEP5	配置を設定する	86
●1	中央揃えの設定	86
●2	セルを結合して中央揃えの設定	87
●3	文字列の方向の設定	88

STEP6	文字の書式を設定する	89
●1	フォントの設定	89
●2	フォントサイズの設定	90
●3	フォントの色の設定	91
●4	太字の設定	92
●5	セルのスタイルの適用	94

STEP7	列の幅や行の高さを設定する	95
●1	列の幅の設定	95
●2	行の高さの設定	98

STEP8	行を削除・挿入する	99
●1	行の削除	99
●2	行の挿入	100

STEP9	列を非表示・再表示する	102
●1	列の非表示	102
●2	列の再表示	103

練習問題	104

■第4章　数式の入力　105

この章で学ぶこと	106

STEP1	作成するブックを確認する	107
●1	作成するブックの確認	107

STEP2	関数の入力方法を確認する	108
●1	関数の入力方法	108
●2	関数の入力	109

STEP3	いろいろな関数を利用する	115
●1	MAX関数	115
●2	MIN関数	116
●3	COUNT関数	118
●4	COUNTA関数	120

STEP4	相対参照と絶対参照を使い分ける	122
●1	セル参照の種類	122
●2	相対参照	123
●3	絶対参照	124

練習問題	126

■第5章　複数シートの操作 ······························ 127

この章で学ぶこと ······························ 128

STEP1　作成するブックを確認する ······························ 129
●1　作成するブックの確認 ······························ 129

STEP2　シート名を変更する ······························ 130
●1　シート名の変更 ······························ 130
●2　シート見出しの色の設定 ······························ 131

STEP3　グループを設定する ······························ 132
●1　グループの設定 ······························ 132
●2　グループの解除 ······························ 135

STEP4　シートを移動・コピーする ······························ 136
●1　シートの移動 ······························ 136
●2　シートのコピー ······························ 137

STEP5　シート間で集計する ······························ 139
●1　シート間の集計 ······························ 139

参考学習　別シートのセルを参照する ······························ 142
●1　数式によるセル参照 ······························ 142
●2　リンク貼り付けによるセル参照 ······························ 143

練習問題 ······························ 145

■第6章　表の印刷 ······························ 147

この章で学ぶこと ······························ 148

STEP1　印刷する表を確認する ······························ 149
●1　印刷する表の確認 ······························ 149

STEP2　表を印刷する ······························ 151
●1　印刷手順 ······························ 151
●2　ページレイアウト ······························ 152
●3　用紙サイズと用紙の向きの設定 ······························ 153
●4　ヘッダーとフッターの設定 ······························ 155
●5　印刷タイトルの設定 ······························ 158
●6　印刷イメージの確認 ······························ 160
●7　印刷 ······························ 160

STEP3　改ページプレビューを利用する ······························ 161
●1　改ページプレビュー ······························ 161
●2　印刷範囲と改ページ位置の調整 ······························ 162

練習問題 ······························ 164

iv

■第7章　グラフの作成 ……………………………………………………………… 165

この章で学ぶこと …………………………………………………………………… 166
STEP1　作成するグラフを確認する …………………………………………… 167
●1　作成するグラフの確認 ……………………………………………………… 167
STEP2　グラフ機能の概要 ………………………………………………………… 168
●1　グラフ機能 …………………………………………………………………… 168
●2　グラフの作成手順 …………………………………………………………… 168
STEP3　円グラフを作成する ……………………………………………………… 169
●1　円グラフの作成 ……………………………………………………………… 169
●2　円グラフの構成要素 ………………………………………………………… 172
●3　グラフタイトルの入力 ……………………………………………………… 173
●4　グラフの移動とサイズ変更 ………………………………………………… 174
●5　グラフスタイルの適用 ……………………………………………………… 176
●6　グラフの色の変更 …………………………………………………………… 177
●7　切り離し円の作成 …………………………………………………………… 178
STEP4　縦棒グラフを作成する …………………………………………………… 181
●1　縦棒グラフの作成 …………………………………………………………… 181
●2　縦棒グラフの構成要素 ……………………………………………………… 183
●3　グラフタイトルの入力 ……………………………………………………… 184
●4　グラフの場所の変更 ………………………………………………………… 185
●5　グラフの項目とデータ系列の入れ替え …………………………………… 186
●6　グラフの種類の変更 ………………………………………………………… 187
●7　グラフ要素の表示 …………………………………………………………… 188
●8　グラフ要素の書式設定 ……………………………………………………… 190
●9　グラフフィルターの利用 …………………………………………………… 193
練習問題 ……………………………………………………………………………… 194

■第8章　データベースの利用 ………………………………………………………… 195

この章で学ぶこと …………………………………………………………………… 196
STEP1　操作するデータベースを確認する …………………………………… 197
●1　操作するデータベースの確認 ……………………………………………… 197
STEP2　データベース機能の概要 ……………………………………………… 199
●1　データベース機能 …………………………………………………………… 199
●2　データベース用の表 ………………………………………………………… 199

STEP3	表をテーブルに変換する	201
	●1 テーブル	201
	●2 テーブルへの変換	202
	●3 テーブルスタイルの適用	204
STEP4	データを並べ替える	206
	●1 並べ替え	206
	●2 昇順・降順で並べ替え	206
	●3 複数キーによる並べ替え	210
	●4 色で並べ替え	212
STEP5	データを抽出する	213
	●1 フィルター	213
	●2 フィルターの実行	213
	●3 色フィルターの実行	216
	●4 詳細なフィルターの実行	217
	●5 集計行の表示	221
STEP6	データベースを効率的に操作する	222
	●1 ウィンドウ枠の固定	222
	●2 書式のコピー/貼り付け	224
	●3 レコードの追加	224
	●4 フラッシュフィルの利用	228
練習問題		230

■第9章　便利な機能 231

	この章で学ぶこと	232
STEP1	検索・置換する	233
	●1 検索	233
	●2 置換	235
STEP2	PDFファイルとして保存する	240
	●1 PDFファイル	240
	●2 PDFファイルとして保存	240
STEP3	スピルを使って数式の結果を表示する	242
	●1 スピル	242
	●2 数式の入力	242
練習問題		246

vi

■総合問題 ･･ 247

総合問題1 ･･････････････････････････････････････	248
総合問題2 ･･････････････････････････････････････	250
総合問題3 ･･････････････････････････････････････	252
総合問題4 ･･････････････････････････････････････	254
総合問題5 ･･････････････････････････････････････	256
総合問題6 ･･････････････････････････････････････	258
総合問題7 ･･････････････････････････････････････	260
総合問題8 ･･････････････････････････････････････	262
総合問題9 ･･････････････････････････････････････	264
総合問題10 ･････････････････････････････････････	266

■実践問題 ･･ 269

実践問題をはじめる前に ･･･････････････････････････	270
実践問題1 ･･････････････････････････････････････	271
実践問題2 ･･････････････････････････････････････	272

■索引 ･･･ 273

■ショートカットキー一覧

練習問題・総合問題・実践問題の標準解答は、FOM出版のホームページで提供しています。P.5「5 学習ファイルと標準解答のご提供について」を参照してください。

本書をご利用いただく前に

本書で学習を進める前に、ご一読ください。

1 本書の記述について

操作の説明のために使用している記号には、次のような意味があります。

記述	意味	例
☐	キーボード上のキーを示します。	Ctrl　Enter
☐ + ☐	複数のキーを押す操作を示します。	Ctrl + End （Ctrl を押しながら End を押す）
《　》	ボタン名やダイアログボックス名、タブ名、項目名など画面の表示を示します。	《切り取り》をクリックします。《セルの書式設定》ダイアログボックスが表示されます。《挿入》タブを選択します。
「　」	重要な語句や機能名、画面の表示、入力する文字などを示します。	「ブック」といいます。「東京都」と入力します。

 　学習の前に開くファイル

 　知っておくべき重要な内容

STEP UP 　知っていると便利な内容

※ 　補足的な内容や注意すべき内容

Let's Try 　学習した内容の確認問題

Answer (Let's Try) 　確認問題の答え

 　問題を解くためのヒント

2 製品名の記載について

本書では、次の名称を使用しています。

正式名称	本書で使用している名称
Windows 11	Windows 11 または Windows
Microsoft Excel 2024	Excel 2024 または Excel

3 学習環境について

本書を学習するには、次のソフトが必要です。
また、インターネットに接続できる環境で学習することを前提にしています。

> Excel 2024　または　Microsoft 365のExcel

◆本書の開発環境

本書を開発した環境は、次のとおりです。

OS	Windows 11 Pro（バージョン24H2　ビルド26100.2894）
アプリ	Microsoft Office Professional 2024 Excel 2024（バージョン2411　ビルド16.0.18227.20082）
ディスプレイの解像度	1280×768ピクセル
その他	・WindowsにMicrosoftアカウントでサインインし、インターネットに接続した状態 ・OneDriveと同期していない状態

※本書は、2025年1月時点のExcel 2024またはMicrosoft 365のExcelに基づいて解説しています。
　今後のアップデートによって機能が更新された場合には、本書の記載のとおりに操作できなくなる可能性があります。

POINT　OneDriveの設定

WindowsにMicrosoftアカウントでサインインすると、同期が開始され、パソコンに保存したファイルがOneDriveに自動的に保存されます。初期の設定では、デスクトップ、ドキュメント、ピクチャの3つのフォルダーがOneDriveと同期するように設定されています。
本書はOneDriveと同期していない状態で操作しています。
OneDriveと同期している場合は、一時的に同期を停止すると、本書の記載と同じ手順で学習できます。
OneDriveとの同期を一時停止および再開する方法は、次のとおりです。

一時停止

◆通知領域の《OneDrive》→《ヘルプと設定》→《同期の一時停止》→停止する時間を選択
※時間が経過すると自動的に同期が開始されます。

再開

◆通知領域の《OneDrive》→《ヘルプと設定》→《同期の再開》

4 学習時の注意事項について

お使いの環境によっては、次のような内容について本書の記載と異なる場合があります。
ご確認のうえ、学習を進めてください。

◆画面図のボタンの形状

本書に掲載している画面図は、ディスプレイの解像度を「**1280×768ピクセル**」、ウィンドウを最大化した環境を基準にしています。
ディスプレイの解像度やウィンドウのサイズなど、お使いの環境によっては、画面図のボタンの形状やサイズ、位置が異なる場合があります。
ボタンの操作は、ポップヒントに表示されるボタン名を参考に操作してください。

ディスプレイの解像度が高い場合／ウィンドウのサイズが大きい場合

ディスプレイの解像度が低い場合／ウィンドウのサイズが小さい場合

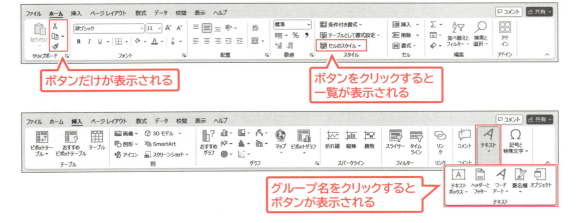

◆《ファイル》タブの《その他》コマンド

《ファイル》タブのコマンドは、画面の左側に一覧で表示されます。お使いの環境によっては、下側のコマンドが《その他》にまとめられている場合があります。目的のコマンドが表示されていない場合は、《その他》をクリックしてコマンドを表示してください。

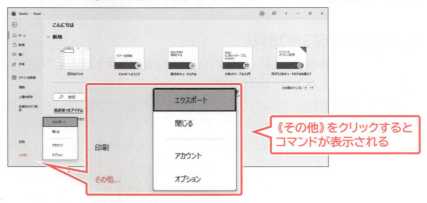

《その他》をクリックするとコマンドが表示される

> **POINT　ディスプレイの解像度の設定**
>
> ディスプレイの解像度を本書と同様に設定する方法は、次のとおりです。
> ◆デスクトップの空き領域を右クリック→《ディスプレイ設定》→《ディスプレイの解像度》の▼→《1280×768》
> ※メッセージが表示される場合は、《変更の維持》をクリックします。

◆Officeの種類に伴う注意事項

Microsoftが提供するOfficeには「ボリュームライセンス（LTSC）版」「プレインストール版」「POSAカード版」「ダウンロード版」「Microsoft 365」などがあり、画面やコマンドが異なることがあります。

本書はダウンロード版をもとに開発しています。ほかの種類のOfficeで操作する場合は、ポップヒントに表示されるボタン名を参考に操作してください。

●Office 2024のLTSC版で《ホーム》タブを選択した状態（2025年1月時点）

◆アップデートに伴う注意事項

WindowsやOfficeは、アップデートによって不具合が修正され、機能が向上する仕様となっているため、アップデート後に、コマンドやスタイル、色などの名称が変更される場合があります。本書に記載されているコマンドやスタイルなどの名称が表示されない場合は、掲載している画面図の色が付いている位置を参考に操作してください。

※本書の最新情報については、P.8に記載されているFOM出版のホームページにアクセスして確認してください。

> **POINT　お使いの環境のバージョン・ビルド番号を確認する**
>
> WindowsやOfficeはアップデートにより、バージョンやビルド番号が変わります。
> お使いの環境のバージョン・ビルド番号を確認する方法は、次のとおりです。
>
> [Windows 11]
> ◆《スタート》→《設定》→《システム》→《バージョン情報》
>
> [Office 2024]
> ◆《ファイル》タブ→《アカウント》→《（アプリ名）のバージョン情報》
> ※お使いの環境によっては、《アカウント》が表示されていない場合があります。その場合は、《その他》→《アカウント》をクリックします。

5 学習ファイルと標準解答のご提供について

本書で使用する学習ファイルと標準解答のPDFファイルは、FOM出版のホームページで提供しています。

ホームページアドレス

> https://www.fom.fujitsu.com/goods/

※アドレスを入力するとき、間違いがないか確認してください。

ホームページ検索用キーワード

> FOM出版

1 学習ファイル

学習ファイルはダウンロードしてご利用ください。

◆ダウンロード

学習ファイルをダウンロードする方法は、次のとおりです。

①ブラウザーを起動し、FOM出版のホームページを表示します。
※アドレスを直接入力するか、キーワードでホームページを検索します。

②《ダウンロード》をクリックします。

③《アプリケーション》の《Excel》をクリックします。

④《Excel 2024基礎 Office 2024／Microsoft 365対応　FPT2414》をクリックします。

⑤《学習ファイル》の《学習ファイルのダウンロード》をクリックします。

⑥本書に関する質問に回答します。

⑦学習ファイルの利用に関する説明を確認し、《OK》をクリックします。

⑧《学習ファイル》の「fpt2414.zip」をクリックします。

⑨ダウンロードが完了したら、ブラウザーを終了します。
※ダウンロードしたファイルは、《ダウンロード》に保存されます。

◆ダウンロードしたファイルの解凍

ダウンロードしたファイルは圧縮されているので、解凍（展開）します。ダウンロードしたファイル「fpt2414.zip」を《ドキュメント》に解凍する方法は、次のとおりです。

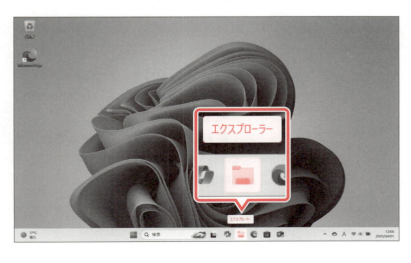

①デスクトップ画面を表示します。
②タスクバーの《エクスプローラー》をクリックします。

③《ダウンロード》をクリックします。
④ファイル「fpt2414」を右クリックします。
⑤《すべて展開》をクリックします。

⑥《参照》をクリックします。

⑦左側の一覧から《ドキュメント》を選択します。
※《ドキュメント》が表示されていない場合は、スクロールして調整します。
⑧《フォルダーの選択》をクリックします。

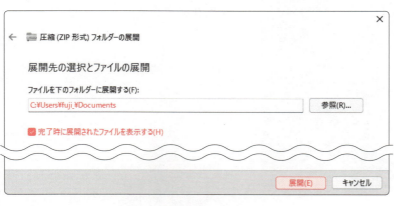

⑨《ファイルを下のフォルダーに展開する》が「C:¥Users¥(ユーザー名)¥Documents」に変更されます。
⑩《完了時に展開されたファイルを表示する》を☑にします。
⑪《展開》をクリックします。

⑫ ファイルが解凍され、《ドキュメント》が開かれます。
⑬ フォルダー「Excel2024基礎」が表示されていることを確認します。
※すべてのウィンドウを閉じておきましょう。

◆学習ファイルの一覧
フォルダー「Excel2024基礎」には、学習ファイルが入っています。タスクバーの《エクスプローラー》→《ドキュメント》をクリックし、一覧からフォルダーを開いて確認してください。
※ご利用の前に、フォルダー内の「ご利用の前にお読みください.pdf」をご確認ください。

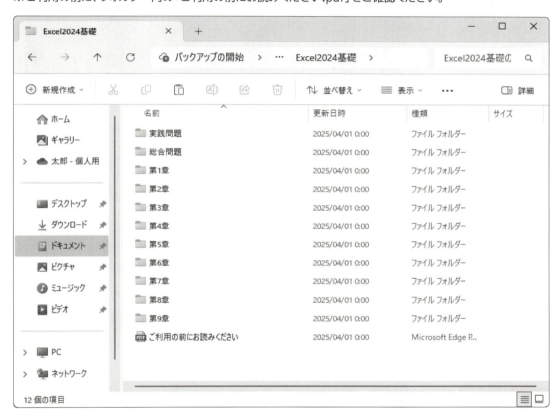

◆学習ファイルの場所
本書では、学習ファイルの場所を《ドキュメント》内のフォルダー「Excel2024基礎」としています。《ドキュメント》以外の場所に解凍した場合は、フォルダーを読み替えてください。

◆学習ファイル利用時の注意事項
ダウンロードした学習ファイルを開く際、そのファイルが安全かどうかを確認するメッセージが表示される場合があります。学習ファイルは安全なので、《編集を有効にする》をクリックして、編集可能な状態にしてください。

2 練習問題・総合問題・実践問題の標準解答

練習問題・総合問題・実践問題の標準的な解答を記載したPDFファイルをFOM出版のホームページで提供しています。標準解答は、スマートフォンやタブレットで表示したり、パソコンでExcelのウィンドウを並べて表示したりすると、操作手順を確認しながら学習できます。自分にあったスタイルでご利用ください。

◆スマートフォン・タブレットで表示

①スマートフォン・タブレットで、各問題のページにあるQRコードを読み取ります。

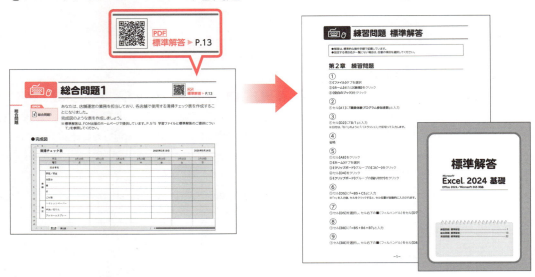

◆パソコンで表示

①ブラウザーを起動し、FOM出版のホームページを表示します。
※アドレスを直接入力するか、キーワードでホームページを検索します。

②《ダウンロード》をクリックします。

③《アプリケーション》の《Excel》をクリックします。

④《Excel 2024基礎 Office 2024／Microsoft 365対応　FPT2414》をクリックします。

⑤《標準解答》の「fpt2414_kaitou.pdf」をクリックします。

⑥PDFファイルが表示されます。
※必要に応じて、印刷または保存してご利用ください。

6 本書の最新情報について

本書に関する最新のQ＆A情報や訂正情報、重要なお知らせなどについては、FOM出版のホームページでご確認ください。

ホームページアドレス

> https://www.fom.fujitsu.com/goods/

※アドレスを入力するとき、間違いがないか確認してください。

ホームページ検索用キーワード

> FOM出版

第1章

Excelの基礎知識

この章で学ぶこと		10
STEP 1	Excelの概要	11
STEP 2	Excelを起動する	15
STEP 3	ブックを開く	17
STEP 4	Excelの画面構成	20
STEP 5	ブックを閉じる	30
STEP 6	Excelを終了する	32

この章で学ぶこと

学習前に習得すべきポイントを理解しておき、
学習後には確実に習得できたかどうかを振り返りましょう。

第1章 Excelの基礎知識

- ■ Excelで何ができるかを説明できる。　→ P.11
- ■ Excelを起動できる。　→ P.15
- ■ Excelのスタート画面の使い方を説明できる。　→ P.16
- ■ 既存のブックを開くことができる。　→ P.17
- ■ ブックとシートとセルの違いを説明できる。　→ P.19
- ■ Excelの画面の各部の名称や役割を説明できる。　→ P.20
- ■ 対象のセルをアクティブセルにできる。　→ P.22
- ■ スクロールして、シートに入力されている内容を確認できる。　→ P.23
- ■ 表示モードの違いを理解し、使い分けることができる。　→ P.25
- ■ シートの表示倍率を変更できる。　→ P.27
- ■ シートを挿入できる。　→ P.28
- ■ シートを切り替えることができる。　→ P.29
- ■ ブックを閉じることができる。　→ P.30
- ■ Excelを終了できる。　→ P.32

STEP 1 Excelの概要

1 Excelの概要

「Excel」は、表計算からグラフ作成、データ管理まで様々な機能を兼ね備えたアプリです。Excelには、主に次のような機能があります。

1 表の作成

様々な情報を表にまとめることができます。表の見栄えを整えることで、わかりやすく情報を伝えることができます。

地区	観光地名	年間目標	上期合計	下期合計	年間合計	達成率
						単位：人
海浜	西浜城	450,000	234,561	283,450	518,011	115.1%
	西浜温泉	650,000	290,274	419,485	709,759	109.2%
	さざなみビーチ	650,000	314,379	289,705	604,084	92.9%
	西浜物産館	400,000	221,091	204,925	426,016	106.5%
山里	ふたば動物パーク	450,000	243,055	230,401	473,456	105.2%
	祭の里	500,000	334,529	214,820	549,349	109.9%
	地学ミュージアム	400,000	191,200	203,478	394,678	98.7%
	伝統工芸体験館	250,000	115,327	124,849	240,176	96.1%
合計		3,750,000	1,944,416	1,971,113	3,915,529	104.4%

西浜市観光地別利用者数一覧　2025/4/8　2024年度最終報告

2 計算

セルに入力されている値をもとに数式を入力すると、計算結果が表示されます。セルに入力されている値が変化すると、再計算されて結果が表示されます。また、計算を行うための関数も豊富に用意されています。関数を使うと、簡単な計算から高度な計算までを瞬時に行うことができます。

新入社員研修　確認テスト成績

氏名	必須カテゴリー		選択カテゴリー		総合点
	ビジネスマナー	ビジネス文書	プログラミング	デザイン	
岩木　智光	80	79		61	220
岡村　凛	80	83	70		233
佐々木　洋斗	73	65		54	192
髙木　絵海	40	69	65		174
戸塚　雅生	98	78	67		243
中村　美央	77	75		82	234
早河　健太郎	56	57	53		166
東　聡志	62	97	70		229
矢崎　あゆみ	56	46	56		158
平均点	69.1	72.1	63.5	65.7	205.4
最高点	98	97	70	82	243
最低点	40	46	53	54	158

プログラミング選択者数	6
デザイン選択者数	3
受講者総数	9

11

3 グラフの作成

わかりやすく見やすいグラフを簡単に作成できます。グラフを使うと、データを視覚的に表示できるので、データを比較したり傾向を把握したりするのに便利です。

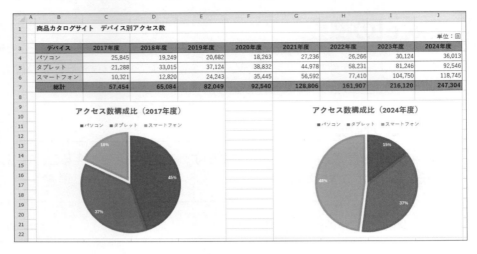

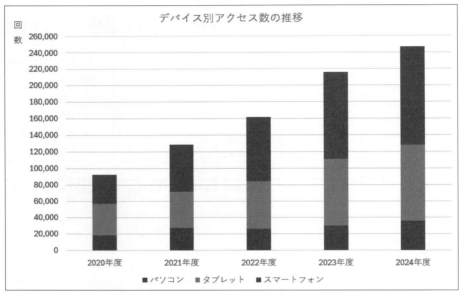

4 データの管理

目的に応じて表のデータを並べ替えたり、必要なデータだけを抽出したりできます。住所録や売上台帳などの大量のデータを管理するのに便利です。

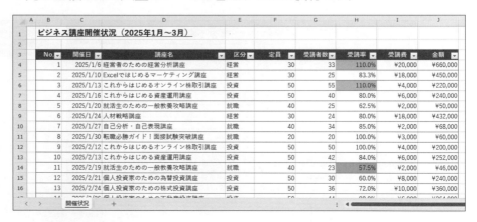

5 グラフィックの作成

豊富な図形や図表が用意されており、表現力のある資料を作成できます。

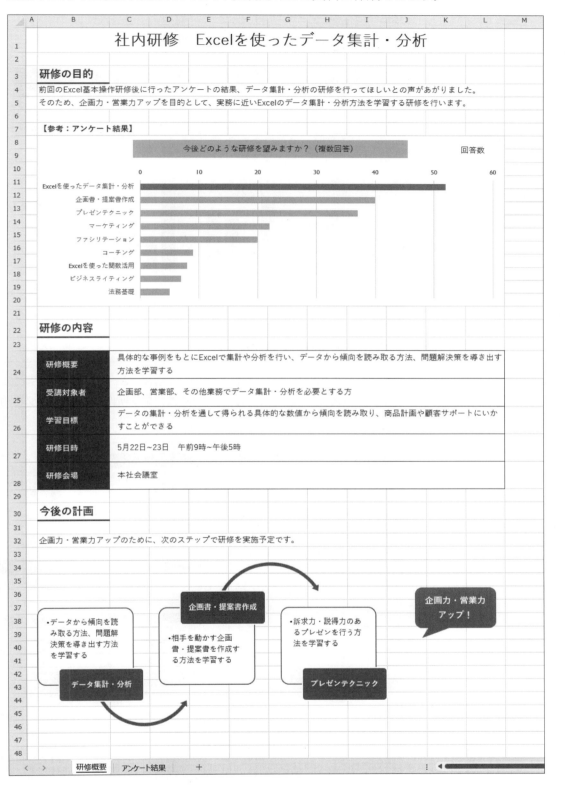

6 データの分析

ピボットテーブルやピボットグラフを使うと、集計対象の項目を入れ替えて、いろいろな角度から集計した表やグラフを作成できます。

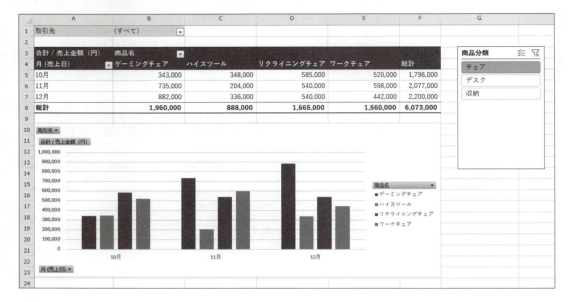

7 作業の自動化（マクロ）

一連の操作を「**マクロ**」として記録しておくと、記録した一連の操作をまとめて実行できます。頻繁に行う操作をマクロとして記録しておくと、同じ動作を繰り返す必要がなく効率的に作業できます。

クリックすると担当者ごとに並び替わり集計される

STEP 2 Excelを起動する

1 Excelの起動

Excelを起動しましょう。

① 《スタート》をクリックします。

スタートメニューが表示されます。
② 《ピン留め済み》の《Excel》をクリックします。
※《ピン留め済み》に《Excel》が登録されていない場合は、《すべて》→《E》の《Excel》をクリックします。

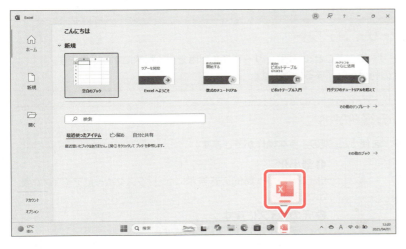

Excelが起動し、Excelのスタート画面が表示されます。
③ タスクバーにExcelのアイコンが表示されていることを確認します。
※ウィンドウを最大化しておきましょう。

2 Excelのスタート画面

Excelが起動すると、「スタート画面」が表示されます。
スタート画面でこれから行う作業を選択します。スタート画面を確認しましょう。
※お使いの環境によっては、表示が異なる場合があります。

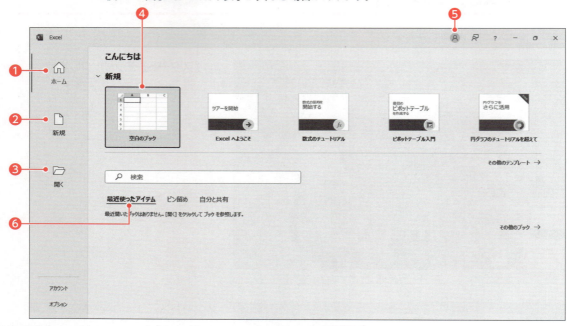

❶ホーム
Excelを起動したときに表示されます。
新しいブックを作成したり、最近開いたブックを簡単に開いたりできます。

❷新規
新しいブックを作成します。
空白のブックを作成したり、数式や書式が設定されたテンプレートを検索したりできます。

❸開く
すでに保存済みのブックを開く場合に使います。

❹空白のブック
新しいブックを作成します。
何も入力されていない白紙のブックが表示されます。

❺Microsoftアカウントのユーザー情報
Microsoftアカウントでサインインしている場合、ポイントするとアカウント名やメールアドレスなどが表示されます。

❻最近使ったアイテム
最近開いたブックがある場合、その一覧が表示されます。
一覧から選択すると、ブックが開かれます。

> **POINT　サインイン・サインアウト**
>
> 「サインイン」とは、正規のユーザーであることを証明し、サービスを利用できる状態にする操作です。
> 「サインアウト」とは、サービスの利用を終了する操作です。

> **POINT　ウィンドウの操作ボタン**
>
> Excelウィンドウの右上のボタンを使うと、次のような操作ができます。
>
>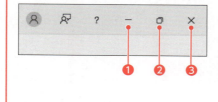
>
> **❶最小化**
> ウィンドウが一時的に非表示になり、タスクバーにアイコンで表示されます。
>
> **❷元のサイズに戻す**
> ウィンドウが元のサイズに戻ります。
> ※ウィンドウを元のサイズに戻すと、ボタンが《最大化》に切り替わります。クリックすると、ウィンドウが最大化されます。
>
> **❸閉じる**
> Excelを終了します。

STEP 3 ブックを開く

1 ブックを開く

すでに保存済みのブックをExcelのウィンドウに表示することを「**ブックを開く**」といいます。
スタート画面からブック「**Excelの基礎知識**」を開きましょう。

※P.5「5 学習ファイルと標準解答のご提供について」を参考に、使用するファイルをダウンロードしておきましょう。

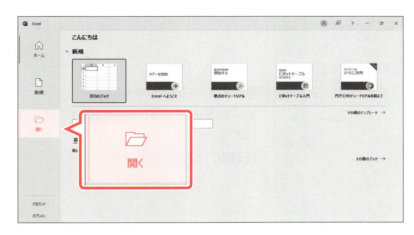

①スタート画面が表示されていることを確認します。
②《**開く**》をクリックします。

ブックが保存されている場所を選択します。
③《**参照**》をクリックします。

《**ファイルを開く**》ダイアログボックスが表示されます。
④左側の一覧から《**ドキュメント**》を選択します。
⑤一覧から「**Excel2024基礎**」を選択します。
⑥《**開く**》をクリックします。

17

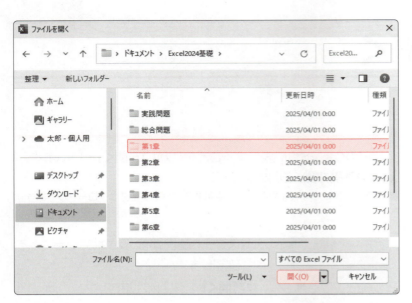

⑦一覧から「**第1章**」を選択します。
⑧《**開く**》をクリックします。

開くブックを選択します。
⑨一覧から「**Excelの基礎知識**」を選択します。
⑩《**開く**》をクリックします。

ブックが開かれます。
⑪タイトルバーにブックの名前が表示されていることを確認します。

※お使いの環境によっては、ブックの名前が途中までしか表示されない場合があります。
※画面左上の自動保存がオンになっている場合は、オフにしておきましょう。自動保存については、P.21「POINT 自動保存」を参照してください。

STEP UP その他の方法（ブックを開く）

◆《ファイル》タブ→《開く》
◆ Ctrl + O

POINT エクスプローラーからブックを開く

エクスプローラーからブックの保存場所を表示した状態で、ブックをダブルクリックすると、Excelを起動すると同時にブックを開くことができます。

2 Excelの基本要素

Excelの基本的な要素を確認しましょう。

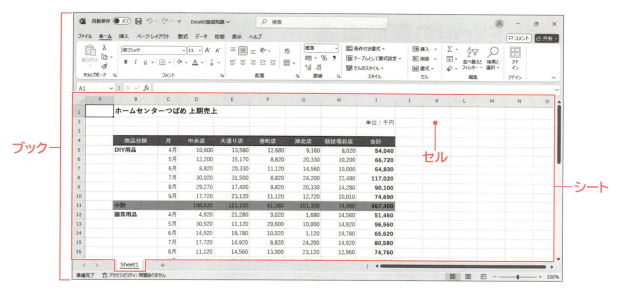

● ブック
Excelでは、ファイルのことを「**ブック**」といいます。
複数のブックを開いて、ウィンドウを切り替えながら作業できます。処理の対象になっているウィンドウを「**アクティブウィンドウ**」といいます。

● シート
表やグラフなどを作成する領域を「**ワークシート**」または「**シート**」といいます（以降、「**シート**」と記載）。
ブック内には、1枚のシートがあり、必要に応じて新しいシートを挿入してシートの枚数を増やしたり、削除したりできます。シート1枚の大きさは、1,048,576行×16,384列です。処理の対象になっているシートを「**アクティブシート**」といい、一番手前に表示されます。

● セル
データを入力する最小単位を「**セル**」といいます。
処理の対象になっているセルを「**アクティブセル**」といい、緑色の太線で囲まれて表示されます。アクティブセルの列番号と行番号の文字の色は緑色になります。

POINT 行と列

Excelのシートは「行」と「列」で構成されています。

STEP 4　Excelの画面構成

1　Excelの画面構成

Excelの画面構成を確認しましょう。
※お使いの環境によっては、表示が異なる場合があります。

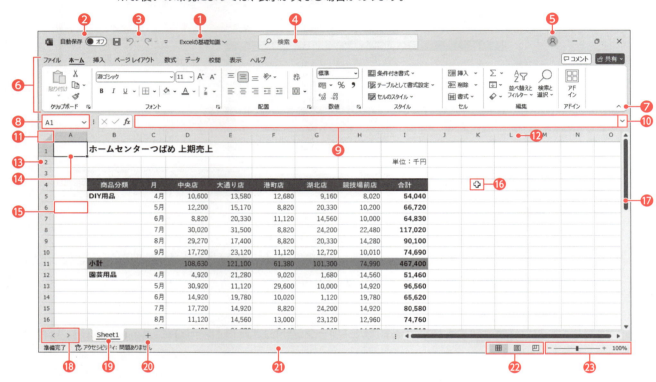

❶ **タイトルバー**
ファイル名やアプリ名、保存状態などが表示されます。

❷ **自動保存**
自動保存のオンとオフを切り替えます。
※お使いの環境によっては、表示されない場合があります。

❸ **クイックアクセスツールバー**
よく使うコマンド（作業を進めるための指示）を登録できます。初期の設定では、《上書き保存》、《元に戻す》、《やり直し》の3つのコマンドが登録されています。
※OneDriveと同期しているフォルダー内のブックを表示している場合、《上書き保存》は、《保存》と表示されます。

❹ **Microsoft Search**
機能や用語の意味を調べたり、リボンから探し出せないコマンドをダイレクトに実行したりするときに使います。

❺ **Microsoftアカウントのユーザー情報**
Microsoftアカウントでサインインしている場合、ポイントするとアカウント名やメールアドレスなどが表示されます。

❻ **リボン**
コマンドを実行するときに使います。関連する機能ごとに、タブに分類されています。
※お使いの環境によっては、表示が異なる場合があります。

❼ **リボンを折りたたむ**
リボンの表示方法を変更するときに使います。クリックすると、リボンが折りたたまれます。再度表示する場合は、《ファイル》タブ以外のタブをダブルクリックします。

❽ **名前ボックス**
アクティブセルの位置などが表示されます。

❾ 数式バー

アクティブセルの内容などが表示されます。

❿ 数式バーの展開

数式バーを展開し、表示領域を拡大します。

※数式バーを展開すると、⌄から⌃に切り替わります。⌃をクリックすると、数式バーが折りたたまれて、表示領域が元のサイズに戻ります。

⓫ 全セル選択ボタン

シート内のすべてのセルを選択するときに使います。

⓬ 列番号

シートの列番号を示します。列番号【A】から列番号【XFD】まで16,384列あります。

⓭ 行番号

シートの行番号を示します。行番号【1】から行番号【1048576】まで1,048,576行あります。

⓮ アクティブセル

処理の対象になっているセルのことです。

⓯ セル

列と行が交わるマス目のことです。列番号と行番号で位置を表します。
例えば、A列の6行目のセルは【A6】と表します。

⓰ マウスポインター

マウスの動きに合わせて移動します。画面の位置や選択するコマンドによって形が変わります。

⓱ スクロールバー

シートの表示領域を移動するときに使います。

⓲ 見出しスクロールボタン

シート見出しの表示領域を移動するときに使います。

⓳ シート見出し

シートを識別するための見出しです。

⓴ 新しいシート

新しいシートを挿入するときに使います。

㉑ ステータスバー

現在の作業状況や処理手順が表示されます。

㉒ 表示選択ショートカット

画面の表示モードを切り替えるときに使います。

㉓ ズーム

シートの表示倍率を変更するときに使います。

POINT **自動保存**

自動保存をオンにすると、一定の時間ごとにファイルが自動的に上書き保存されます。自動保存を使用するには、ファイルをOneDriveと同期されているフォルダーに保存しておく必要があります。
自動保存によって、元のファイルを上書きされたくない場合は、自動保存をオフにします。

STEP UP **アクセシビリティチェック**

ステータスバーに「アクセシビリティチェック」の結果が表示されます。「アクセシビリティ」とは、すべての人が不自由なく情報を手に入れられるかどうか、使いこなせるかどうかを表す言葉です。視覚に障がいのある方などにとって、判別しにくい情報が含まれていないかをチェックします。ステータスバーのアクセシビリティチェックの結果をクリックすると、詳細を確認できます。
ステータスバーの表示内容を設定する方法は、次のとおりです。

◆ステータスバーを右クリック→表示する項目を☑にする

14			6月	14,920	19,780
15			7月	17,720	14,920
16			8月	11,120	14,560

＜　＞　　　Sheet1　｜　＋

準備完了　　アクセシビリティ: 問題ありません

21

2 アクティブセルの指定

セルにデータを入力したり編集したりするには、対象のセルをアクティブセルにします。
アクティブセルにするには、対象のセルをクリックして選択します。
セル【I11】をアクティブセルにしましょう。

①セル【I11】をポイントします。
マウスポインターの形が✚に変わります。

②クリックします。
セル【I11】がアクティブセルになります。
アクティブセルの行番号と列番号の文字の色が緑色になり、名前ボックスに「I11」と表示されます。

アクティブセルをセル【A1】に戻します。
③セル【A1】をクリックします。

STEP UP その他の方法（アクティブセルの指定）

キー操作で、アクティブセルを指定することもできます。

位置	キー操作
セル単位の移動（上下左右）	↑ ↓ ← →
1画面単位の移動（上下）	Page Up　Page Down
1画面単位の移動（左右）	Alt + Page Up　Alt + Page Down
シートの先頭のセルに移動（セル【A1】）	Ctrl + Home
データが入力されている最終セルに移動	Ctrl + End

3 シートのスクロール

画面に表示する範囲を移動することを**「スクロール」**といいます。目的のセルが表示されていない場合は、スクロールバーを使ってシートの表示領域をスクロールします。
シートをスクロールして、セル【I40】をアクティブセルにしましょう。

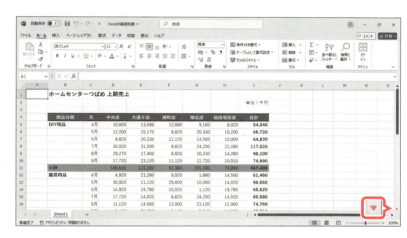

①スクロールバーの▼をクリックします。

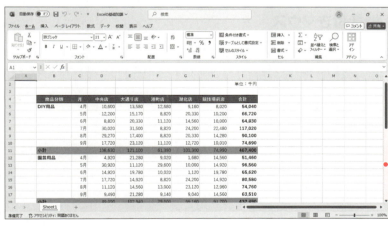

1行下にスクロールします。
※このときアクティブセルの位置は変わりません。
②スクロールバーの図の位置をクリックします。

この位置をクリック

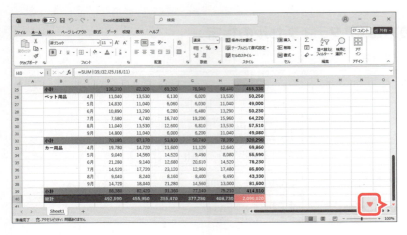

1画面下にスクロールします。
③セル【I40】が表示されるまでスクロールバーの▼を数回クリックします。
④セル【I40】をクリックします。
※セル【A1】をアクティブセルにしておきましょう。

STEP UP　その他の方法（シートのスクロール）

シートのスクロール方法には、次のようなものがあります。

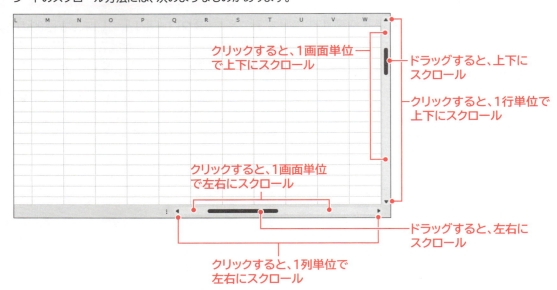

クリックすると、1画面単位で上下にスクロール
ドラッグすると、上下にスクロール
クリックすると、1行単位で上下にスクロール
クリックすると、1画面単位で左右にスクロール
ドラッグすると、左右にスクロール
クリックすると、1列単位で左右にスクロール

STEP UP　スクロール機能付きマウス

多くのマウスには、スクロール機能付きの「ホイール」が装備されています。ホイールを使うと、スクロールバーを使わなくても上下にスクロールできます。

ホイール

4 Excelの表示モード

Excelには、次のような表示モードが用意されています。
表示モードを切り替えるには、表示選択ショートカットのボタンをそれぞれクリックします。

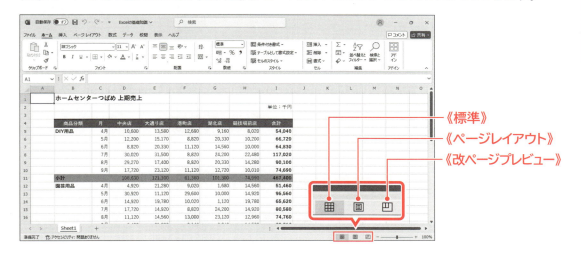

STEP UP その他の方法（表示モードの切り替え）

◆《表示》タブ→《ブックの表示》グループ

1 標準

標準の表示モードです。文字を入力したり、表やグラフを作成したりする場合に使います。
通常、この表示モードでブックを作成します。

2 ページレイアウト

印刷結果に近いイメージで表示するモードです。用紙にどのように印刷されるかを確認したり、ページの上部または下部の余白領域に日付やページ番号などを入れたりする場合に使います。

3 改ページプレビュー

印刷範囲や改ページ位置を表示するモードです。1ページに印刷する範囲を調整したり、区切りのよい位置で改ページされるように位置を調整したりする場合に使います。

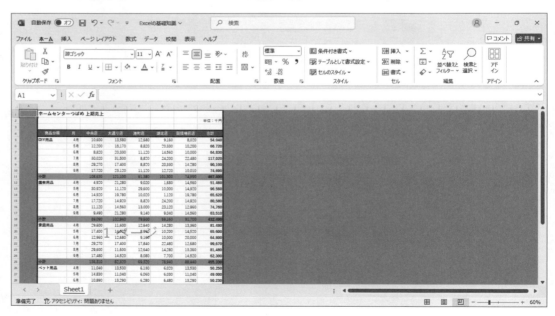

5 表示倍率の変更

シートの表示倍率は10～400%の範囲で自由に変更できます。表示倍率を変更するには、ステータスバーのズーム機能を使うと便利です。
表示倍率を80%に変更しましょう。

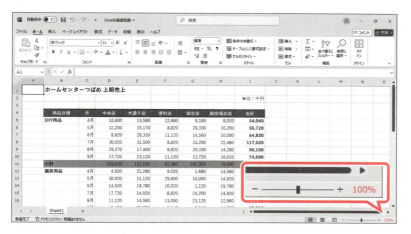

①表示倍率が100%になっていることを確認します。

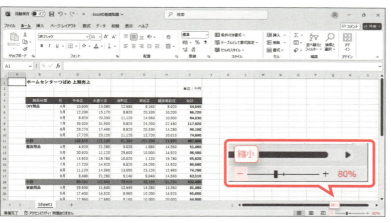

シートの表示倍率を80%に変更します。
②《縮小》を2回クリックします。
※クリックするごとに、10%ずつ縮小されます。
表示倍率が80%になります。

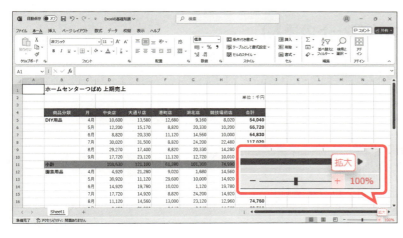

表示倍率を100%に戻します。
③《拡大》を2回クリックします。
※クリックするごとに、10%ずつ拡大されます。
表示倍率が100%になります。

STEP UP その他の方法
（表示倍率の変更）

◆《表示》タブ→《ズーム》グループの《ズーム》→表示倍率を指定

POINT ステータスバーのズーム機能

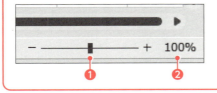

❶ドラッグした分だけ表示倍率を調整
❷《ズーム》ダイアログボックスを表示して倍率を調整

6 シートの挿入

シートは必要に応じて挿入したり、削除したりできます。
新しいシートを挿入しましょう。

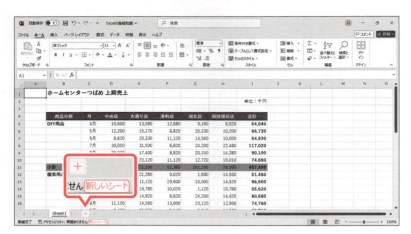

①《新しいシート》をクリックします。

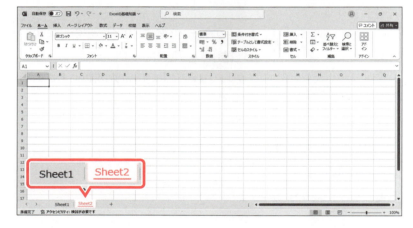

シートが挿入されます。

STEP UP その他の方法（シートの挿入）

◆《ホーム》タブ→《セル》グループの《セルの挿入》の▼→《シートの挿入》
◆シート見出しを右クリック→《挿入》→《標準》タブ→《ワークシート》
◆ Shift + F11

POINT シートの削除

シートを削除する方法は、次のとおりです。
◆削除するシートのシート見出しを右クリック→《削除》

7 シートの切り替え

シートを切り替えるには、シート見出しをクリックします。
シート「Sheet1」に切り替えましょう。

①シート「Sheet1」のシート見出しを
　ポイントします。
マウスポインターの形が に変わります。

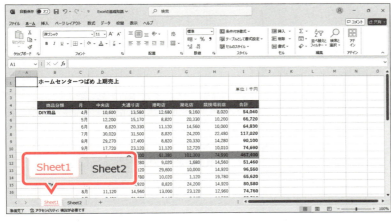

②クリックします。
シート「Sheet1」に切り替わります。

STEP UP　その他の方法（シートの切り替え）

◆ [Ctrl] + [Page Up]
◆ [Ctrl] + [Page Down]

STEP UP　シートの選択

《シートの選択》ダイアログボックスを使うと、一覧から表示したいシートを選択できます。シートの数が多い場合など、スクロールしなくても簡単にシートを切り替えることができます。
《シートの選択》ダイアログボックスを使ってシートを選択する方法は、次のとおりです。
◆見出しスクロールボタンを右クリック→表示するシートを選択

STEP 5 ブックを閉じる

1 ブックを閉じる

開いているブックの作業を終了することを**「ブックを閉じる」**といいます。
ブック**「Excelの基礎知識」**を保存せずに閉じましょう。

①《**ファイル**》タブを選択します。

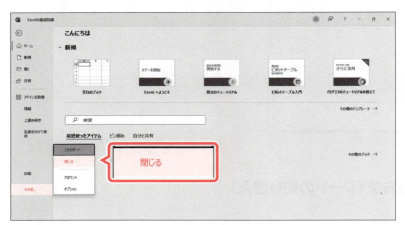

②《**その他**》をクリックします。

※お使いの環境によっては、《その他》が表示されていない場合があります。その場合は、③に進みます。

③《**閉じる**》をクリックします。

メッセージが表示されます。

④《**保存しない**》をクリックします。

ブックが閉じられます。

STEP UP その他の方法（ブックを閉じる）

◆ Ctrl + W

STEP UP 保存しないでブックを閉じた場合

内容を変更して保存の操作を行わずにブックを閉じると、保存するかどうかを確認するメッセージが表示されます。

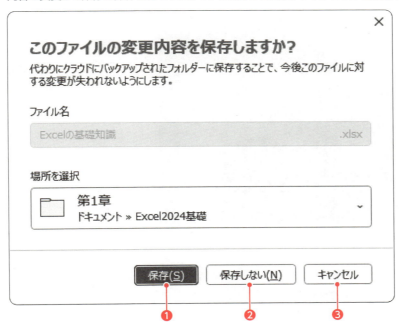

❶保存
ブックを保存し、閉じます。

❷保存しない
ブックを保存せずに、閉じます。

❸キャンセル
ブックを閉じる操作を取り消します。

31

STEP 6　Excelを終了する

1　Excelの終了

Excelを終了しましょう。

①《閉じる》をクリックします。

Excelのウィンドウが閉じられ、デスクトップが表示されます。
②タスクバーからExcelのアイコンが消えていることを確認します。

STEP UP　その他の方法（Excelの終了）

◆ Alt + F4

POINT　ブックとExcelを同時に閉じる

ブックを開いている状態で《閉じる》をクリックすると、ブックとExcelのウィンドウを同時に閉じることができます。

第 2 章

データの入力

この章で学ぶこと	34
STEP 1 新しいブックを作成する	35
STEP 2 データを入力する	36
STEP 3 データを編集する	49
STEP 4 セル範囲を選択する	54
STEP 5 ブックを保存する	60
STEP 6 オートフィルを利用する	63
練習問題	68

この章で学ぶこと

学習前に習得すべきポイントを理解しておき、
学習後には確実に習得できたかどうかを振り返りましょう。

第2章 データの入力

- ■ 新しいブックを作成できる。　→ P.35
- ■ 文字列と数値の違いを理解し、セルにデータを入力できる。　→ P.36
- ■ 修正内容や入力状況に応じて、データの修正方法を使い分けることができる。　→ P.42
- ■ 演算記号を使って、数式を入力できる。　→ P.46
- ■ データを移動するときの手順を理解し、データをほかのセルに移動できる。　→ P.49
- ■ データをコピーするときの手順を理解し、データをほかのセルにコピーできる。　→ P.51
- ■ セル内のデータをクリアできる。　→ P.53
- ■ セル範囲を選択できる。　→ P.54
- ■ 行を選択できる。　→ P.55
- ■ 列を選択できる。　→ P.55
- ■ 直前に行った操作を取り消して、元の状態に戻すことができる。　→ P.59
- ■ 保存状況に応じて、名前を付けて保存と上書き保存を使い分けることができる。　→ P.60
- ■ オートフィルを利用して、日付や数値、数式を入力できる。　→ P.63

34

STEP 1 新しいブックを作成する

1 新しいブックの作成

Excelを起動し、新しいブックを作成しましょう。

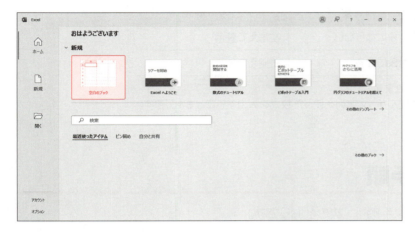

①Excelを起動し、Excelのスタート画面を表示します。
※《スタート》→《ピン留め済み》の《Excel》をクリックします。
②《空白のブック》をクリックします。

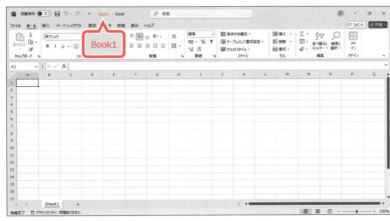

新しいブックが開かれます。
③タイトルバーに「Book1」と表示されていることを確認します。

POINT　新しいブックの作成

Excelのブックを開いた状態で、新しいブックを作成する方法は、次のとおりです。
◆《ファイル》タブ→《ホーム》または《新規》→《空白のブック》

35

STEP 2 データを入力する

1 データの種類

Excelで扱うデータには「**文字列**」と「**数値**」があります。

種類	計算対象	セル内の配置
文字列	計算対象にならない	左揃えで表示
数値	計算対象になる	右揃えで表示

※日付や数式は「数値」に含まれます。
※文字列は計算対象になりませんが、文字列を使った数式を入力することもあります。

2 データの入力手順

データを入力する基本的な手順は、次のとおりです。

1 セルをアクティブセルにする

データを入力するセルをクリックし、アクティブセルにします。

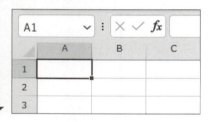

2 データを入力する

入力モードを確認し、キーボードからデータを入力します。

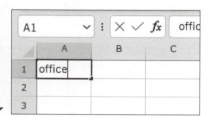

3 データを確定する

[Enter]を押して、入力したデータを確定します。

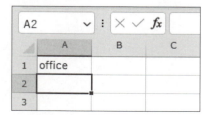

3 文字列の入力

文字列を入力しましょう。

1 英字の入力

セル【B2】に「people」と入力しましょう。

データを入力するセルをアクティブセルにします。
①セル【B2】をクリックします。
名前ボックスに「B2」と表示されます。

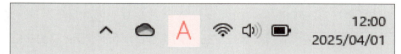

②入力モードが A になっていることを確認します。
※ A になっていない場合は、[半角/全角漢字]を押します。

データを入力します。
③「people」と入力します。
セルが編集状態になり、カーソルが表示されます。
数式バーにデータが表示されます。

データを確定します。
④ [Enter] を押します。
アクティブセルがセル【B3】に移動します。
※ [Enter] を押してデータを確定すると、アクティブセルが下に移動します。
⑤入力した文字列が左揃えで表示されることを確認します。

> **POINT** 入力モードの切り替え
> 入力するデータに応じて、入力モードを切り替えましょう。
> 半角英数字を入力するときは A (半角英数字/直接入力)、ひらがな・カタカナ・漢字などを入力するときは あ (ひらがな) に設定します。入力モードは、[半角/全角漢字]で切り替えます。

> **POINT データの確定**
>
> 次のキー操作で、入力したデータを確定できます。
> キー操作によって、確定後にアクティブセルが移動する方向は異なります。
>
> | アクティブセルの移動方向 | キー操作 |
> |---|---|
> | 下へ | [Enter] または [↓] |
> | 上へ | [Shift] + [Enter] または [↑] |
> | 右へ | [Tab] または [→] |
> | 左へ | [Shift] + [Tab] または [←] |

> **POINT 入力中のデータの取り消し**
>
> 入力中のデータを1文字ずつ取り消すには、[Back Space]を押します。
> すべて取り消すには、[Esc]を押します。

2 日本語の入力

セル【B5】に「東京都」と入力しましょう。

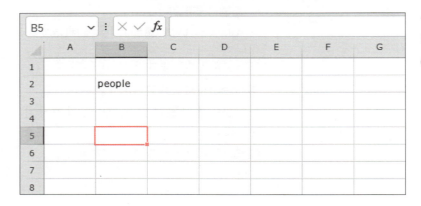

データを入力するセルをアクティブセルにします。
①セル【B5】をクリックします。

②入力モードを[あ]にします。
※[あ]になっていない場合は、[半角/全角]を押します。

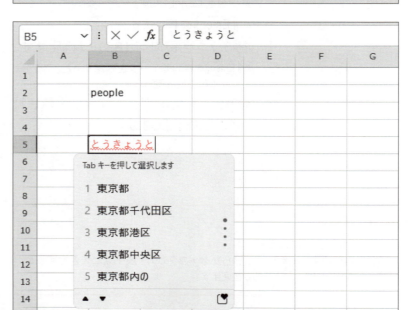

データを入力します。
③「とうきょうと」と入力します。
※「と」と入力した時点で、予測候補の一覧が表示されます。

漢字に変換します。

④ ⬚⬚⬚⬚⬚ (スペース) を押します。

漢字を確定します。

⑤ [Enter] を押します。

下線が消えます。

データを確定します。

⑥ [Enter] を押します。

アクティブセルがセル【B6】に移動します。

⑦ 同様に、次のデータを入力します。

セル【B6】：大阪府
セル【B7】：福岡県
セル【C4】：男人口
セル【D4】：女人口
セル【E3】：千人

39

4 数値の入力

数値を入力しましょう。
セル【C5】に「6814」と入力しましょう。

データを入力するセルをアクティブセルにします。
①セル【C5】をクリックします。

②入力モードを A にします。
※ A になっていない場合は、半角/全角/漢字 を押します。

データを入力します。
③「6814」と入力します。

データを確定します。
④ Enter を押します。
アクティブセルがセル【C6】に移動します。
⑤入力した数値が右揃えで表示されることを確認します。

⑥同様に、次のデータを入力します。

| セル【C6】：4191 |
| セル【C7】：2418 |
| セル【D5】：7172 |
| セル【D6】：4572 |
| セル【D7】：2685 |

STEP UP テンキーの利用

キーボードに「テンキー」(キーボード右側の数字がまとめられた箇所)がある場合は、テンキーを使って入力すると効率的です。

5 日付の入力

「4/1」のように「/（スラッシュ）」または「-（ハイフン）」で区切って月日を入力すると、「4月1日」の形式で表示されます。セル【E2】に日付を入力しましょう。

データを入力するセルをアクティブセルにします。
①セル【E2】をクリックします。

②入力モードが A になっていることを確認します。
※ A になっていない場合は、半角/全角 を押します。

データを入力します。
③「4/1」と入力します。

データを確定します。
④ Enter を押します。
「4月1日」と表示されます。
アクティブセルがセル【E3】に移動します。
⑤入力した日付が右揃えで表示されることを確認します。

⑥セル【E2】をクリックします。
⑦数式バーに「西暦年/4/1」のように表示されていることを確認します。
※「西暦年」は、現在の西暦年になります。

POINT 日付の入力
日付は、年月日を「/（スラッシュ）」または「-（ハイフン）」で区切って入力します。日付をこの規則で入力しておくと、「2025年4月1日」のように表示形式を変更したり、日付をもとに計算したりできます。

6　データの修正

セルに入力したデータを修正する方法には、次の2つがあります。修正内容や入力状況に応じて使い分けます。

●上書きして修正する
セルの内容を大幅に変更する場合は、入力したデータの上から新しいデータを入力しなおします。

●編集状態にして修正する
セルの内容を部分的に変更する場合は、対象のセルを編集できる状態にしてデータを修正します。

1　上書きして修正する

データを上書きして、「people」を「人口統計」に修正しましょう。

B2		A	B	C	D	E	F	G
			people					
1								
2			people			4月1日		
3						千人		
4				男人口	女人口			
5			東京都	6814	7172			
6			大阪府	4191	4572			
7			福岡県	2418	2685			
8								

①セル【B2】をクリックします。

※ 半角/全角 漢字 を押して、入力モードを あ にしておきましょう。

B2		A	B	C	D	E	F	G
			人口統計					
1								
2			人口統計			4月1日		
3						千人		
4				男人口	女人口			
5			東京都	6814	7172			
6			大阪府	4191	4572			
7			福岡県	2418	2685			
8								

②「人口統計」と入力します。

B3		A	B	C	D	E	F	G
1								
2			人口統計			4月1日		
3						千人		
4				男人口	女人口			
5			東京都	6814	7172			
6			大阪府	4191	4572			
7			福岡県	2418	2685			
8								

データを確定します。

③ Enter を押します。

アクティブセルがセル【B3】に移動します。

2 編集状態にして修正する

セルを編集状態にして、「千人」を「（千人）」に修正しましょう。セルを編集状態にするには、セルをダブルクリックします。

E3 | × ✓ *fx* | 千人

	A	B	C	D	E	F	G
1							
2		人口統計			4月1日		
3					千人		
4			男人口	女人口			
5		東京都	6814	7172			
6		大阪府	4191	4572			
7		福岡県	2418	2685			
8							

①セル【E3】をダブルクリックします。

セルが編集状態になり、カーソルが表示されます。

②「千人」の左側をクリックします。

※編集状態では、⬅️➡️でカーソルを移動することもできます。

E3 | × ✓ *fx* | （千人）

	A	B	C	D	E	F	G
1							
2		人口統計			4月1日		
3					（千人）		
4			男人口	女人口			
5		東京都	6814	7172			
6		大阪府	4191	4572			
7		福岡県	2418	2685			
8							

③「（千人」に修正します。

④「（千人」の右側をクリックします。

⑤「（千人）」に修正します。

E4 | × ✓ *fx* |

	A	B	C	D	E	F	G
1							
2		人口統計			4月1日		
3					（千人）		
4			男人口	女人口			
5		東京都	6814	7172			
6		大阪府	4191	4572			
7		福岡県	2418	2685			
8							

データを確定します。

⑥ Enter を押します。

アクティブセルが【E4】に移動します。

D5 | × ✓ *fx* | 7172

	A	B	C	D	E	F	G
1							
2		人口統計			4月1日		
3					（千人）		
4			男性人口	女性人口			
5		東京都	6814	7172			
6		大阪府	4191	4572			
7		福岡県	2418	2685			
8							

⑦同様に、次のようにデータを修正します。

> セル【C4】：男性人口
> セル【D4】：女性人口

STEP UP **その他の方法（編集状態）**

◆セルを選択→数式バーをクリック
◆セルを選択→ F2

POINT 文字列の編集

編集状態で文字列を挿入するには、挿入する位置にカーソルを移動して入力します。
編集状態で文字列を部分的に削除するには、BackSpaceまたはDeleteを使います。

BackSpace　カーソルの左側の文字列を削除する
Delete　カーソルの右側の文字列を削除する

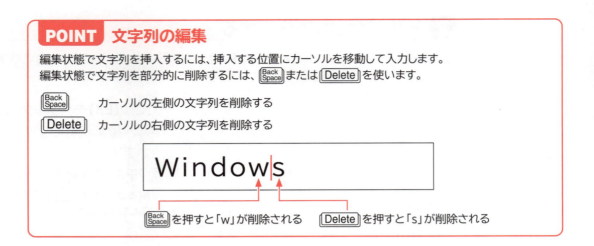

STEP UP 再変換

確定した文字列を変換しなおすことができます。
セルを編集状態にして、再変換する文字列にカーソルを移動し、変換を押します。
変換候補の一覧が表示されるので、別の文字列を選択します。

7 列の幅より長い文字列の入力

列の幅より長い文字列を入力すると、どのように表示されるかを確認しましょう。
セル【B1】に「2023年調査結果」と入力しましょう。

①セル【B1】をクリックします。
②「2023年調査結果」と入力します。
③Enterを押します。

④セル【B1】をクリックします。

⑤数式バーに「2023年調査結果」と表示されていることを確認します。

⑥セル【C1】をクリックします。

⑦数式バーが空白であることを確認します。

※数式バーには、アクティブセルの内容が表示されます。セルに何も入力されていない場合、数式バーは空白になります。

セル【C1】にデータを入力します。

⑧セル【C1】がアクティブセルになっていることを確認します。

⑨「合計」と入力します。

⑩ Enter を押します。

⑪セル【B1】をクリックします。

⑫数式バーに「2023年調査結果」と表示されていることを確認します。

※右隣のセルにデータが入力されている場合、列の幅を超える部分は表示されませんが、実際のデータはセル【B1】に入力されています。

45

8 数式の入力と再計算

「**数式**」を使うと、入力されている値をもとに計算を行い、計算結果を表示できます。数式は先頭に「**＝（等号）**」を入力し、続けてセルを参照しながら演算記号を使って入力します。

1 数式の入力

セル【E5】に「**東京都**」の数値を合計する数式、セル【C8】に「**男性人口**」の数値を合計する数式を入力しましょう。

C5		：	✕ ✓	f_x	＝C5		
	A	B	C	D	E	F	G
1		2023年調査合計					
2		人口統計			4月1日		
3					（千人）		
4			男性人口	女性人口			
5		東京都	6814	7172	＝C5		
6		大阪府	4191	4572			
7		福岡県	2418	2685			
8							
9							

計算結果を表示するセルを選択します。

①セル【E5】をクリックします。

※入力モードを A にしておきましょう。

②「＝」を入力します。

③セル【C5】をクリックします。

セル【C5】が点線で囲まれ、数式バーに「**＝C5**」と表示されます。

D5		：	✕ ✓	f_x	＝C5+D5		
	A	B	C	D	E	F	G
1		2023年調査合計					
2		人口統計			4月1日		
3					（千人）		
4			男性人口	女性人口			
5		東京都	6814	7172	＝C5+D5		
6		大阪府	4191	4572			
7		福岡県	2418	2685			
8							
9							

④続けて「＋」を入力します。

⑤セル【D5】をクリックします。

セル【D5】が点線で囲まれ、数式バーに「**＝C5+D5**」と表示されます。

E6		：	✕ ✓	f_x			
	A	B	C	D	E	F	G
1		2023年調査合計					
2		人口統計			4月1日		
3					（千人）		
4			男性人口	女性人口			
5		東京都	6814	7172	13986		
6		大阪府	4191	4572			
7		福岡県	2418	2685			
8							
9							

⑥ Enter を押します。

セル【E5】に計算結果「**13986**」が表示されます。

※セルを選択すると、数式バーに数式が表示されます。

⑦セル【C8】をクリックします。

⑧「=」を入力します。

⑨セル【C5】をクリックします。

セル【C5】が点線で囲まれ、数式バーに「=C5」と表示されます。

⑩続けて「+」を入力します。

⑪セル【C6】をクリックします。

セル【C6】が点線で囲まれ、数式バーに「=C5+C6」と表示されます。

⑫続けて「+」を入力します。

⑬セル【C7】をクリックします。

セル【C7】が点線で囲まれ、数式バーに「=C5+C6+C7」と表示されます。

⑭ Enter を押します。

セル【C8】に計算結果「13423」が表示されます。

※セルを選択すると、数式バーに数式が表示されます。

POINT 演算記号

数式で使う演算記号は、次のとおりです。

演算記号	読み	計算方法	一般的な数式	入力する数式
+	プラス	たし算	2+3	=2+3
−	マイナス	ひき算	2−3	=2−3
*	アスタリスク	かけ算	2×3	=2*3
/	スラッシュ	わり算	2÷3	=2/3
^	キャレット	べき乗	2^3	=2^3

POINT 数式の入力

「=6814+7172」のようにセルを参照せず、値そのものを使って数式を入力することもできます。数式で使用した値に変更があっても再計算されないので、数式を直接編集する必要があります。

47

2 数式の再計算

セルを参照して数式を入力しておくと、セルの数値を変更したとき、再計算されて自動的に計算結果も更新されます。
セル【C5】の数値を「6814」から「6914」に変更しましょう。

①セル【E5】とセル【C8】の計算結果を確認します。
②セル【C5】をクリックします。

③「6914」と入力します。
④ Enter を押します。
再計算されます。
⑤セル【E5】とセル【C8】の計算結果が更新されていることを確認します。

STEP UP 数式の編集

数式が入力されているセルを編集状態にすると、その数式が参照しているセルが色枠で囲まれて表示されます。
数式内のセルと、数式が参照しているセルの色枠が同じ色で表示されるので、数式のどこが間違っているのか、すぐに確認できます。また、セルの色枠をドラッグして、数式内のセル参照を修正することもできます。

STEP 3 データを編集する

1 移動

データを移動する手順は、次のとおりです。

1 移動元のセルを選択
移動元のセルを選択します。

2 切り取り
《切り取り》をクリックすると、選択しているセルのデータが「クリップボード」と呼ばれる領域に一時的に記憶されます。

3 移動先のセルを選択
移動先のセルを選択します。

4 貼り付け
《貼り付け》をクリックすると、クリップボードに記憶されているデータが選択しているセルに移動します。

セル【C1】の「合計」をセル【E4】に移動しましょう。

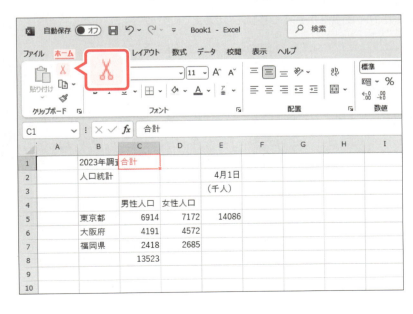

移動元のセルをアクティブセルにします。
①セル【C1】をクリックします。
②《ホーム》タブを選択します。
③《クリップボード》グループの《切り取り》をクリックします。

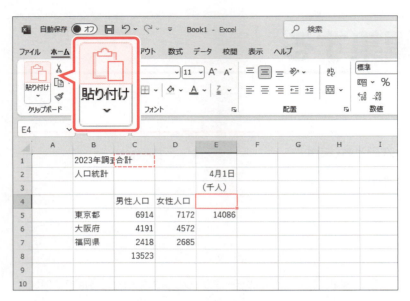

セル【C1】が点線で囲まれます。
移動先のセルをアクティブセルにします。

④セル【E4】をクリックします。

⑤《クリップボード》グループの《貼り付け》をクリックします。

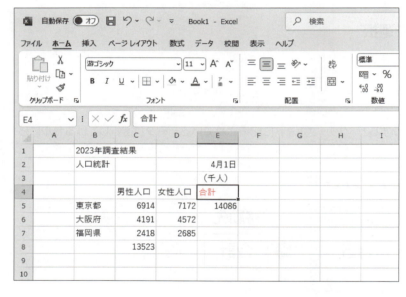

「合計」が移動します。

STEP UP その他の方法（移動）

◆移動元のセルを右クリック→《切り取り》→移動先のセルを右クリック→《貼り付けのオプション》から選択
◆移動元のセルを選択→ Ctrl + X →移動先のセルを選択→ Ctrl + V
◆移動元のセルを選択→移動元のセルの外枠をポイント→移動先のセルまでドラッグ

POINT ボタン名の確認

ボタンを使った操作は、ボタン名を記載しています。ボタン名は、ボタンをポイントしたときに表示される「ポップヒント」で確認できます。

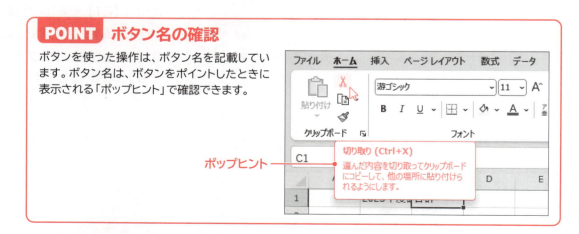

50

2 コピー

データをコピーする手順は、次のとおりです。

1 コピー元のセルを選択

コピー元のセルを選択します。

2 コピー

《コピー》をクリックすると、選択しているセルのデータが「クリップボード」と呼ばれる領域に一時的に記憶されます。

3 コピー先のセルを選択

コピー先のセルを選択します。

4 貼り付け

《貼り付け》をクリックすると、クリップボードに記憶されているデータが選択しているセルにコピーされます。

セル【E4】の「合計」をセル【B8】にコピーしましょう。

コピー元のセルをアクティブセルにします。
①セル【E4】をクリックします。
②《ホーム》タブを選択します。
③《クリップボード》グループの《コピー》をクリックします。

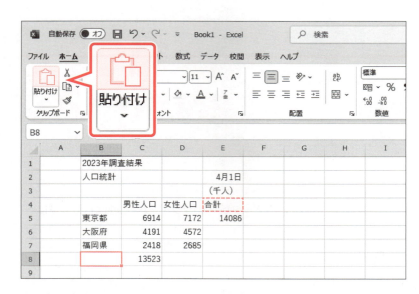

セル【E4】が点線で囲まれます。
コピー先のセルをアクティブセルにします。

④セル【B8】をクリックします。
⑤《クリップボード》グループの《貼り付け》をクリックします。

「合計」がコピーされ、《貼り付けのオプション》が表示されます。

※ Esc を押して、点線と《貼り付けのオプション》を非表示にしておきましょう。

──《貼り付けのオプション》

STEP UP　その他の方法（コピー）

◆コピー元のセルを右クリック→《コピー》→コピー先のセルを右クリック→《貼り付けのオプション》から選択
◆コピー元のセルを選択→ Ctrl + C →コピー先のセルを選択→ Ctrl + V
◆コピー元のセルを選択→コピー元のセルの外枠をポイント→ Ctrl を押しながらコピー先のセルまでドラッグ

STEP UP　貼り付けのオプション

コピーと貼り付けを実行すると、《貼り付けのオプション》が表示されます。ボタンをクリックするか、または Ctrl を押すと、元の書式のままコピーするか、貼り付け先の書式に合わせてコピーするか、値だけを貼り付けるかなどを一覧から選択できます。
《貼り付けのオプション》を使わない場合は、 Esc を押すと、非表示にできます。

STEP UP　クリップボード

コピーや切り取りを実行すると、データは「クリップボード」（一時的にデータを記憶する領域）に最大24個まで記憶されます。記憶されたデータは《クリップボード》作業ウィンドウに一覧で表示され、Officeアプリで共通して利用できます。
《クリップボード》作業ウィンドウを表示する方法は、次のとおりです。

◆《ホーム》タブ→《クリップボード》グループの 🔲 (クリップボード)

3 クリア

セルのデータを消去することを「**クリア**」といいます。
セル【B1】に入力したデータをクリアしましょう。

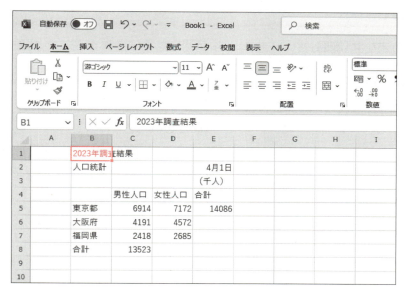

データをクリアするセルをアクティブセルにします。
①セル【B1】をクリックします。
②[Delete]を押します。

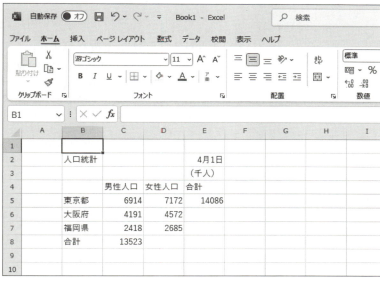

データがクリアされます。

> **STEP UP** その他の方法（クリア）
>
> ◆セルを選択→《ホーム》タブ→《編集》グループの《クリア》→《数式と値のクリア》
> ◆セルを右クリック→《数式と値のクリア》

> **STEP UP** すべてクリア
>
> [Delete]では入力したデータ（数値や文字列）だけがクリアされます。セルに設定された書式（罫線や塗りつぶしの色など）はクリアされません。
> 入力したデータや書式などセルの内容をすべてクリアする方法は、次のとおりです。
> ◆セルを選択→《ホーム》タブ→《編集》グループの《クリア》→《すべてクリア》

STEP 4 セル範囲を選択する

1 セル範囲の選択

セルの集まりを「**セル範囲**」または「**範囲**」といいます。セル範囲を対象に操作するには、対象となるセル範囲を選択します。
セル範囲【B4:E8】を選択しましょう。
※本書では、セル【B4】からセル【E8】までのセル範囲を、セル範囲【B4:E8】と記載しています。

①セル【B4】をポイントします。

マウスポインターの形が ✚ に変わります。

②セル【B4】からセル【E8】までドラッグします。

セル範囲【B4:E8】が選択されます。

※選択したセル範囲は、緑色の太い枠線で囲まれ、薄い灰色の背景色になります。
※選択したセル範囲の右下に《クイック分析》が表示されます。

《クイック分析》

セル範囲の選択を解除します。

③任意のセルをクリックします。

STEP UP　クイック分析

データが入力されているセル範囲を選択すると、《クイック分析》が表示されます。クリックすると表示される機能の一覧から、数値の大小関係が視覚的にわかるように書式を設定したり、グラフを作成したり、合計を求めたりすることができます。

2 行や列の選択

行全体や列全体を対象に操作するには、対象となる行や列を選択します。
行や列を選択しましょう。

① 行番号【5】をポイントします。
マウスポインターの形が➡に変わります。
② クリックします。
5行目が選択されます。

③ 列番号【C】をポイントします。
マウスポインターの形が⬇に変わります。
④ クリックします。
C列が選択されます。

POINT セル範囲の選択

複数行の選択
◆ 行番号をドラッグ

複数列の選択
◆ 列番号をドラッグ

シート全体の選択
◆ 全セル選択ボタンをクリック

広いセル範囲の選択
◆ 始点をクリック→Shiftを押しながら終点をクリック

複数のセル範囲の選択
◆ 1つ目のセル範囲を選択→Ctrlを押しながら2つ目以降のセル範囲を選択

POINT 範囲選択の一部解除

範囲選択したあとで一部の選択範囲を解除するには、Ctrlを押しながら解除する範囲をクリック、またはドラッグします。
例：セル範囲【B2:F5】を選択
　　→ Ctrlを押しながら、セル範囲【D3:E4】をドラッグして解除

Ctrlを押しながら、解除する範囲をクリック、またはドラッグする

3 コマンドの実行

選択したセル範囲に対して、コマンドを実行しましょう。

1 移動

セル範囲【B2:E8】を、セル【A1】を開始位置として移動しましょう。

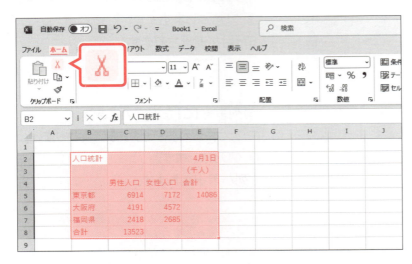

①セル範囲【B2:E8】を選択します。
②《ホーム》タブを選択します。
③《クリップボード》グループの《切り取り》をクリックします。

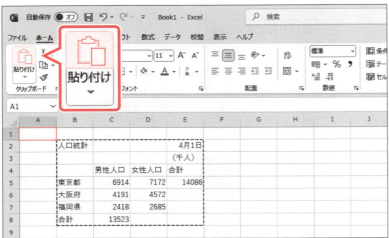

④セル【A1】をクリックします。
⑤《クリップボード》グループの《貼り付け》をクリックします。

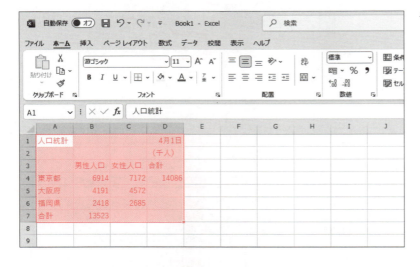

データが移動します。

2 コピー

セル【D4】の数式を、セル範囲【D5:D6】にコピーしましょう。

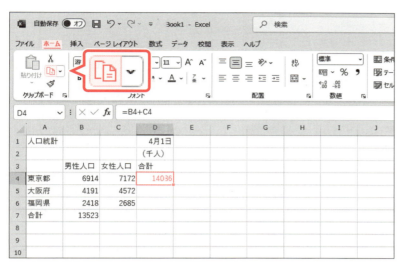

① セル【D4】をクリックします。
② 《ホーム》タブを選択します。
③ 《クリップボード》グループの《コピー》をクリックします。

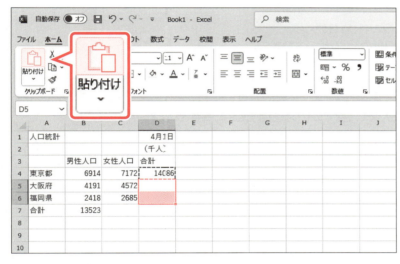

④ セル範囲【D5:D6】を選択します。
⑤ 《クリップボード》グループの《貼り付け》をクリックします。

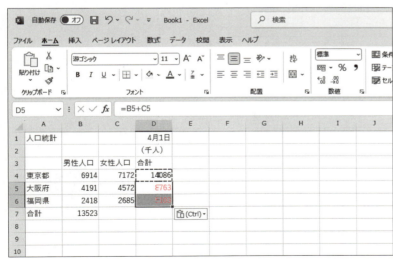

数式がコピーされます。

※ Esc を押して、点線と《貼り付けのオプション》を非表示にしておきましょう。

 **ためしてみよう**

セル【B7】の数式を、セル範囲【C7:D7】にコピーしましょう。

	A	B	C	D	E
1	人口統計			4月1日	
2				（千人）	
3		男性人口	女性人口	合計	
4	東京都	6914	7172	14086	
5	大阪府	4191	4572	8763	
6	福岡県	2418	2685	5103	
7	合計	13523	14429	27952	
8					

① セル【B7】をクリック
②《ホーム》タブを選択
③《クリップボード》グループの《コピー》をクリック
④ セル範囲【C7:D7】を選択
⑤《クリップボード》グループの《貼り付け》をクリック

※ [Esc]を押して、点線と《貼り付けのオプション》を非表示にしておきましょう。

POINT　数式のセル参照

数式をコピーすると、コピー先に応じて数式のセル参照は自動的に調整されます。

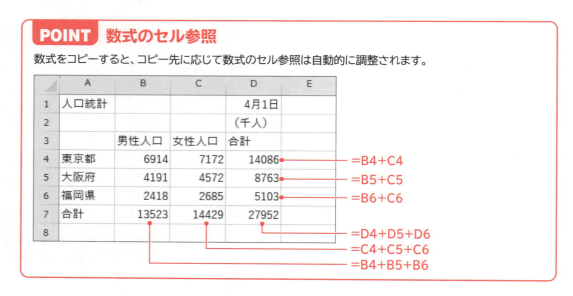

3 クリア

セル範囲【B4:C6】の数値をクリアしましょう。

① セル範囲【B4:C6】を選択します。
② [Delete]を押します。

数値がクリアされます。

	A	B	C	D	E	F	G
1	人口統計			4月1日			
2				(千人)			
3		男性人口	女性人口	合計			
4	東京都			0			
5	大阪府			0			
6	福岡県			0			
7	合計	0	0	0			
8							

4 元に戻す

直前に行った操作を取り消して、元の状態に戻すことができます。
数値をクリアした操作を取り消しましょう。

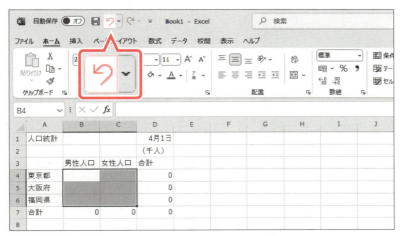

①クイックアクセスツールバーの《元に戻す》をクリックします。

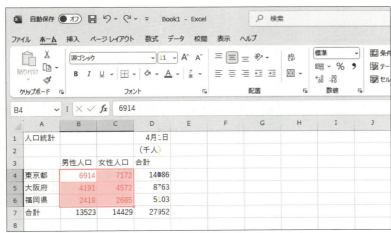

直前に行ったクリアの操作が取り消されます。

※《元に戻す》を繰り返しクリックすると、過去の操作が順番に取り消されます。

STEP UP その他の方法
（元に戻す）

◆ Ctrl + Z

POINT 元に戻す・やり直し

クイックアクセスツールバーの《元に戻す》の▼をクリックすると、過去の操作が一覧で表示されます。一覧から操作を選択すると、直前の操作から選択した操作までがまとめて取り消されます。
また、《やり直し》をクリックすると、《元に戻す》で取り消した操作を再度実行できます。元に戻し過ぎてしまった場合に使うと便利です。

59

STEP 5 ブックを保存する

1 名前を付けて保存

作成したブックを残しておくには、ブックに名前を付けて保存します。ブックを保存すると、アクティブシートとアクティブセルの位置も保存されます。次に作業するときに便利なセルを選択して、ブックを保存するとよいでしょう。
作成したブックに**「人口統計」**と名前を付けてフォルダー**「第2章」**に保存しましょう。

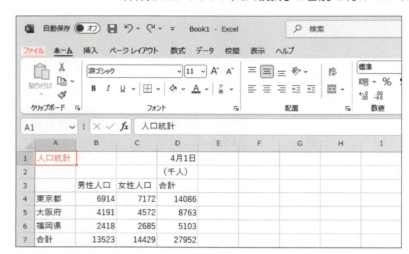

①セル**【A1】**をクリックします。
②**《ファイル》**タブを選択します。

③**《名前を付けて保存》**をクリックします。
④**《参照》**をクリックします。

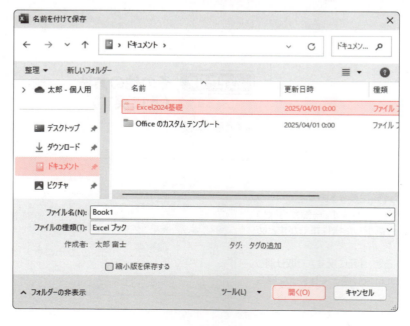

《名前を付けて保存》ダイアログボックスが表示されます。
ブックを保存する場所を選択します。
⑤左側の一覧から**《ドキュメント》**を選択します。
⑥一覧から「Excel2024基礎」を選択します。
⑦**《開く》**をクリックします。

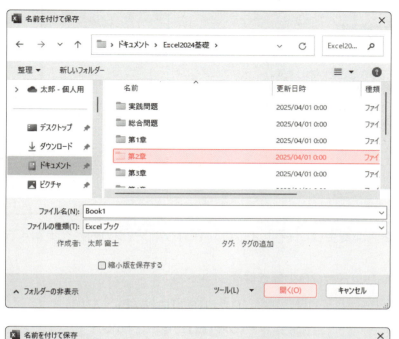

⑧一覧から「**第2章**」を選択します。

⑨《開く》をクリックします。

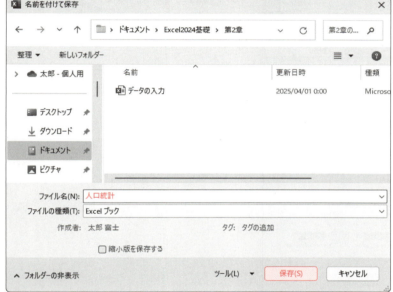

⑩《ファイル名》に「人口統計」と入力します。

⑪《保存》をクリックします。

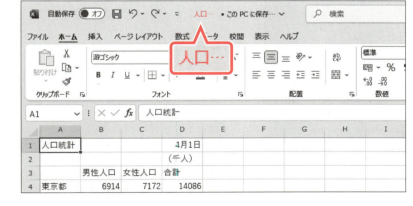

ブックが保存されます。

⑫タイトルバーにブックの名前が表示されていることを確認します。

※お使いの環境によっては、ブックの名前が途中までしか表示されない場合があります。

STEP UP その他の方法（名前を付けて保存）

◆ F12

STEP UP フォルダーを作成してファイルを保存する

《名前を付けて保存》ダイアログボックスの《新しいフォルダー》を使うと、フォルダーを新しく作成してブックを保存できます。エクスプローラーを起動せずにフォルダーの作成ができるので便利です。

61

STEP UP　ブックの自動回復

作成中のブックは、一定の間隔で自動的に保存されます。ブックを保存せずに閉じてしまった場合は、自動的に保存されたブックの一覧から復元できることがあります。
保存していないブックを復元する方法は、次のとおりです。
◆《ファイル》タブ→《情報》→《ブックの管理》→《保存されていないブックの回復》→ブックを選択→《開く》
※自動回復用のデータが保存されるタイミングによって、完全に復元されるとは限りません。

2　上書き保存

ブック「**人口統計**」の内容を一部変更して保存しましょう。保存したブックの内容を更新するには、上書き保存します。
セル【D1】に「5月1日」と入力し、ブックを上書き保存しましょう。

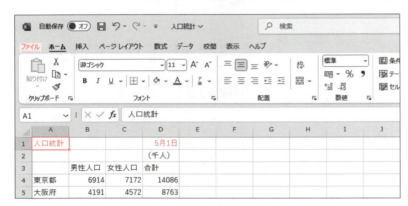

①セル【D1】に「5/1」と入力します。
「5月1日」と表示されます。
②セル【A1】をクリックします。
③《ファイル》タブを選択します。

④《上書き保存》をクリックします。

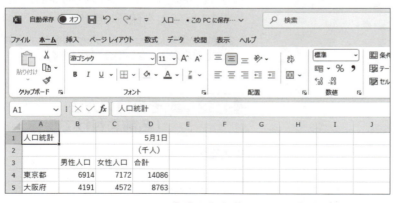

上書き保存されます。
※次の操作のために、ブックを閉じておきましょう。

STEP UP　その他の方法（上書き保存）

◆ [Ctrl] + [S]

POINT　更新前のブックの保存

更新前のブックと更新後のブックを別々に保存するには、「名前を付けて保存」で別の名前を付けて保存します。「上書き保存」をすると、更新前のブックは保存されません。

STEP 6 オートフィルを利用する

1 オートフィルの利用

「オートフィル」は、セル右下の■（フィルハンドル）を使って連続性のあるデータを隣接するセルに入力する機能です。
■（フィルハンドル）をドラッグすると、ドラッグする方向によって増減する連続データを簡単に入力できます。

OPEN データの入力

オートフィルを使って、データを入力しましょう。

1 日付の入力

連続した日付の見出しを作成します。
セル範囲【C3:G3】に「4月7日」「4月8日」…「4月11日」と入力しましょう。

①セル【C3】に「4/7」と入力します。
②セル【C3】を選択し、セル右下の■（フィルハンドル）をポイントします。
マウスポインターの形が╋に変わります。

③セル【G3】までドラッグします。
ドラッグ中、入力されるデータがポップヒントで表示されます。

「4月7日」…「4月11日」が入力され、《オートフィルオプション》が表示されます。

《オートフィルオプション》

POINT 連続データの入力

オートフィルを利用して、「1月」～「12月」、「月曜日」～「日曜日」、「第1四半期」～「第4四半期」なども入力できます。

POINT オートフィルオプション

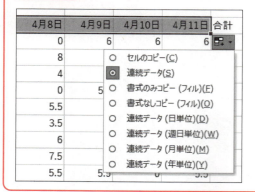

オートフィルを実行すると、《オートフィルオプション》が表示されます。
クリックすると表示される一覧から、書式の有無を指定したり、日付の単位を変更したりできます。

❷ 数値の入力

「管理番号」に「1001」「1002」「1003」…と、1ずつ増加する数値を入力しましょう。

A4		fx	1001						
	A	B	C	D	E	F	G	H	I	J
1	アルバイト勤務時間数								
2									
3	管理番号	氏名	4月7日	4月8日	4月9日	4月10日	4月11日	合計	
4	1001	浅野麻奈	6	0	6	6	6	24	
5		井上智也	0	8	8	0	8		
6		江崎誠	5.5	4	4	5	0		
7		大橋茉美	6	0	5.5	0	5.5		
8		岡本瑠衣	5	5.5	6	5	5.5		
9		柏崎悠太	0	3.5	6	4	5		
10		小島隼人	6	6	0	6	6		
11		沢村彩花	7	7.5	7	0	7.5		
12		鈴木忍	5.5	5.5	5.5	0	5.5		
13		竹田秀平	4.5	4.5	4.5	4.5	0		
14		水野莉子	8	6	7	5	7		
15		村本陽菜	6	5.5	5.5	5.5	0		
16		森隆利	8	6	7	7	7		
17									

①セル【A4】に「1001」と入力します。

②セル【A4】を選択し、セル右下の■（フィルハンドル）をダブルクリックします。

※■（フィルハンドル）をセル【A16】までドラッグしてもかまいません。

A4		fx	1001						
	A	B	C	D	E	F	G	H	I	J
1	アルバイト勤務時間数								
2									
3	管理番号	氏名	4月7日	4月8日	4月9日	4月10日	4月11日	合計	
4	1001	浅野麻奈	6	0	6	6	6	24	
5	1001	井上智也	0	8	8	0	8		
6	1001	江崎誠	5.5	4	4	5	0		
7	1001	大橋茉美	6	0	5.5	0	5.5		
8	1001	岡本瑠衣	5	5.5	6	5	5.5		
9	1001	柏崎悠太	0	3.5	6	4	5		
10	1001	小島隼人	6	6	0	6	6		
11	1001		● セルのコピー(C)						
12	1001		○ 連続データ(S)		←	○ 連続データ(S)		
13	1001		○ 書式のみコピー (フィル)(F)		4.5			
14	1001		○ 書式なしコピー (フィル)(O)		5		
15	1001		○ フラッシュ フィル(F)		5.5	5.5	0		
16	1001	森隆利	8	6	7	7	7		
17									

「1001」がコピーされ、《オートフィルオプション》が表示されます。

③《オートフィルオプション》をクリックします。

④《連続データ》をクリックします。

A4		fx	1001						
	A	B	C	D	E	F	G	H	I	J
1	アルバイト勤務時間数								
2									
3	管理番号	氏名	4月7日	4月8日	4月9日	4月10日	4月11日	合計	
4	1001	浅野麻奈	6	0	6	6	6	24	
5	1002	井上智也	0	8	8	0	8		
6	1003	江崎誠	5.5	4	4	5	0		
7	1004	大橋茉美	6	0	5.5	0	5.5		
8	1005	岡本瑠衣	5	5.5	6	5	5.5		
9	1006	柏崎悠太	0	3.5	6	4	5		
10	1007	小島隼人	6	6	0	6	6		
11	1008	沢村彩花	7	7.5	7	0	7.5		
12	1009	鈴木忍	5.5	5.5	5.5	0	5.5		
13	1010	竹田秀平	4.5	4.5	4.5	4.5	0		
14	1011	水野莉子	8	6	7	5	7		
15	1012	村本陽菜	6	5.5	5.5	5.5	0		
16	1013	森隆利	8	6	7	7	7		
17									

1ずつ増加する数値が入力されます。

POINT フィルハンドルのダブルクリック

■（フィルハンドル）をダブルクリックすると、表内のデータの最終行を自動的に認識し、データが入力されます。

STEP UP **1ずつ増加する連続データの入力**

数値が入力されたセルを選択し、■（フィルハンドル）を Ctrl を押しながら下または右方向にドラッグすると、1ずつ増加する連続データを入力できます。

3 数式のコピー

オートフィルを使って数式をコピーすることもできます。
セル【H4】に入力されている数式をコピーしましょう。

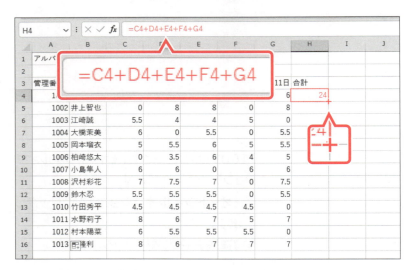

① セル【H4】に入力されている数式を確認します。

※セルを選択すると、数式バーに数式が表示されます。

② セル【H4】を選択し、セル右下の■（フィルハンドル）をダブルクリックします。

数式がコピーされます。

※数式をコピーすると、コピー先に応じて数式のセル参照は自動的に調整されます。
※ブックに「データの入力完成」と名前を付けて、フォルダー「第2章」に保存し、閉じておきましょう。

STEP UP オートフィルの増減単位

オートフィルの増減単位を設定するには、次のような方法があります。

●2つのセルをもとにオートフィルを実行する

数値を入力した2つのセルをもとにオートフィルを実行すると、1つ目のセルの数値と2つ目のセルの数値の差分をもとに、連続データが入力されます。

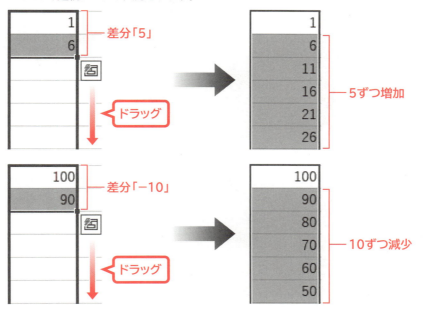

●増減値を設定する

《ホーム》タブ→《編集》グループの《フィル》→《連続データの作成》をクリックして表示される《連続データ》ダイアログボックスを使って、種類、増加単位、増分値や停止値などを設定できます。
《増分値》に、増加の場合は正の数、減少の場合は負の数を入力します。

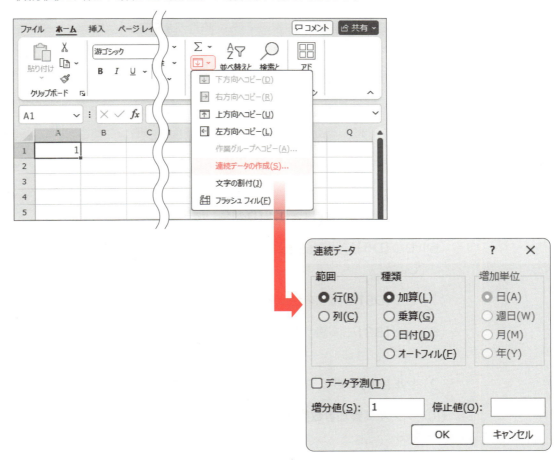

練習問題

標準答 ▶ P.1

あなたは、小中学生向けの職業体験プログラムを運営する部署に勤務しており、プログラム参加者数の集計表を作成することになりました。
完成図のような表を作成しましょう。

※標準解答は、FOM出版のホームページで提供しています。P.5「5 学習ファイルと標準解答のご提供について」を参照してください。

●完成図

	A	B	C	D	E
1	職業体験プログラム参加者数				
2				8月1日	
3					
4	職種	小学生	中学生	合計	
5	保育士	25	28	53	
6	看護師	18	20	38	
7	医師	16	14	30	
8	合計	59	62	121	

① 新しいブックを作成しましょう。

② セル【A1】に「**職業体験プログラム参加者数**」と入力しましょう。

③ セル【D2】に「**8月1日**」と入力しましょう。

④ 次のようにデータを入力しましょう。

	A	B	C	D	E
1	職業体験プログラム参加者数				
2				8月1日	
3					
4	職種	小学生	中学生		
5	保育士	25	28		
6	看護師	18	20		
7	医師	16	14		
8	合計				

⑤ セル【A8】の「**合計**」をセル【D4】にコピーしましょう。

⑥ セル【D5】に演算記号とセル参照を使って、「**保育士**」の合計を求める数式を入力しましょう。

⑦ セル【D5】の数式をセル範囲【D6:D7】にコピーしましょう。

⑧ セル【B8】に演算記号とセル参照を使って、「**小学生**」の合計を求める数式を入力しましょう。

⑨ セル【B8】の数式をセル範囲【C8:D8】にコピーしましょう。

⑩ ブックに「**参加者数集計**」と名前を付けて、フォルダー「**第2章**」に保存しましょう。

※ブックを閉じておきましょう。

第 3 章

表の作成

この章で学ぶこと	70
STEP 1 作成するブックを確認する	71
STEP 2 関数を入力する	72
STEP 3 罫線や塗りつぶしを設定する	76
STEP 4 表示形式を設定する	80
STEP 5 配置を設定する	86
STEP 6 文字の書式を設定する	89
STEP 7 列の幅や行の高さを設定する	95
STEP 8 行を削除・挿入する	99
STEP 9 列を非表示・再表示する	102
練習問題	104

この章で学ぶこと

学習前に習得すべきポイントを理解しておき、
学習後には確実に習得できたかどうかを振り返りましょう。

第3章 表の作成

- ■ データの合計を求める関数を入力できる。 → P.72
- ■ データの平均を求める関数を入力できる。 → P.74
- ■ セルに罫線を引くことができる。 → P.76
- ■ セルに色を付けることができる。 → P.79
- ■ 3桁区切りカンマを付けて、数値を読み取りやすくできる。 → P.80
- ■ 数値をパーセント表示に変更できる。 → P.81
- ■ 小数点以下の桁数の表示を変更できる。 → P.83
- ■ 日付の表示形式を変更できる。 → P.84
- ■ セル内のデータの配置を変更できる。 → P.86
- ■ 複数のセルをひとつに結合して、セル内のデータを中央に配置できる。 → P.87
- ■ セル内で文字列の方向を変更できる。 → P.88
- ■ フォントやフォントサイズ、フォントの色を変更できる。 → P.89
- ■ セルに太字を設定できる。 → P.92
- ■ セルにスタイルを適用できる。 → P.94
- ■ 列の幅や行の高さを設定できる。 → P.95
- ■ 行を削除したり、挿入したりできる。 → P.99
- ■ 一時的に列を非表示にしたり、再表示したりできる。 → P.102

STEP 1 作成するブックを確認する

1 作成するブックの確認

次のようなブックを作成しましょう。

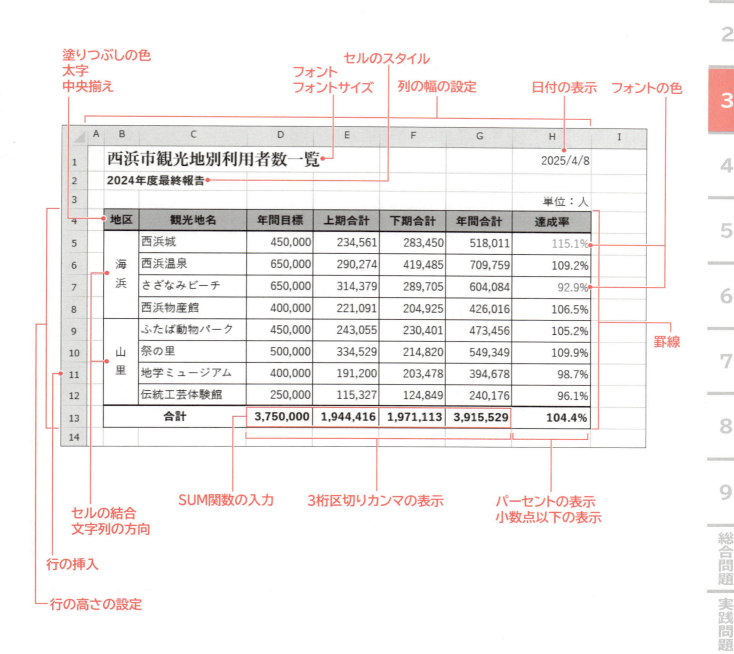

STEP 2 関数を入力する

1 関数

「関数」を使うと、よく使う計算や処理を簡単に行うことができます。演算記号を使って数式を入力する代わりに、括弧内に必要な「引数」を指定することによって計算を行います。

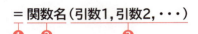

❶先頭に「＝（等号）」を入力します。
❷関数名を入力します。
※関数名は、英大文字で入力しても英小文字で入力してもかまいません。
❸引数を「（　）」で囲み、各引数は「,（カンマ）」で区切ります。
※関数によって、指定する引数は異なります。

2 SUM関数

合計を求めるには「SUM関数」を使います。
《合計》ボタンを使うと、自動的にSUM関数が入力され、簡単に合計を求めることができます。

●SUM関数
数値を合計します。
＝SUM（数値1, 数値2, ・・・）
　　　　引数1　　引数2

例：
=SUM(A1:A10)
=SUM(A5,B10,C15)
=SUM(A1:A10,A22)

※引数には、合計する対象のセルやセル範囲などを指定します。
※引数の「:（コロン）」は連続したセル、「,（カンマ）」は離れたセルを表します。

OPEN　セル【D12】に「**年間目標**」の「**合計**」を求めましょう。

表の作成

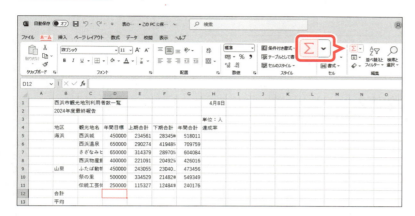

計算結果を表示するセルを選択します。
①セル【D12】をクリックします。
②《**ホーム**》タブを選択します。
③《**編集**》グループの《**合計**》をクリックします。

合計するセル範囲が自動的に認識され、点線で囲まれます。
④数式バーに「**＝SUM(D5:D11)**」と表示されていることを確認します。

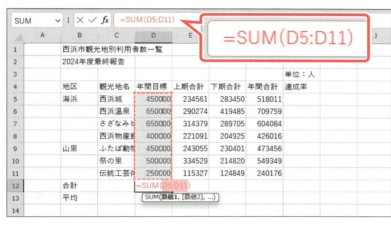

数式を確定します。
⑤ Enter を押します。
※《合計》を再度クリックして確定することもできます。
合計が表示されます。

数式をコピーします。
⑥セル【D12】を選択し、セル右下の■（フィルハンドル）をセル【G12】までドラッグします。
※数式をコピーすると、コピー先に応じて数式のセル参照は自動的に調整されます。

STEP UP　その他の方法（合計）

◆《数式》タブ→《関数ライブラリ》グループの《合計》
◆ Alt + Shift + =

3 AVERAGE関数

平均を求めるには「AVERAGE関数」を使います。

●**AVERAGE関数**

数値の平均値を求めます。

＝AVERAGE(数値1, 数値2, ・・・)
　　　　　　引数1　　引数2

例：
=AVERAGE(A1:A10)
=AVERAGE(A5,B10,C15)
=AVERAGE(A1:A10,A22)

※引数には、平均する対象のセルやセル範囲などを指定します。空のセルが含まれている場合は無視されます。
※引数の「：(コロン)」は連続したセル、「，(カンマ)」は離れたセルを表します。

セル【D13】に「年間目標」の「平均」を求めましょう。

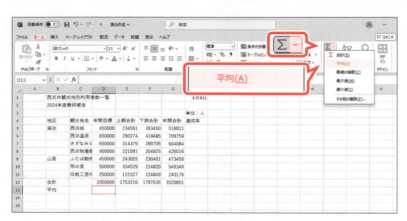

計算結果を表示するセルを選択します。
①セル【D13】をクリックします。
②《ホーム》タブを選択します。
③《編集》グループの《合計》の▼をクリックします。
④《平均》をクリックします。

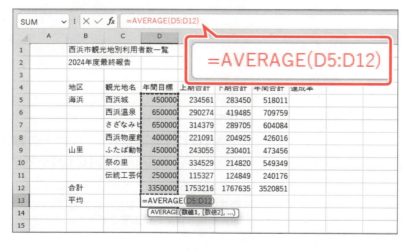

⑤数式バーに「=AVERAGE(D5:D12)」と表示されていることを確認します。

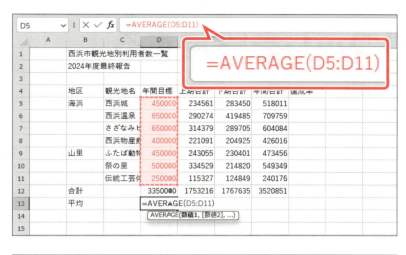

自動的に認識されたセル範囲を、平均するセル範囲に修正します。

⑥セル範囲【D5:D11】を選択します。
⑦数式バーに「=AVERAGE(D5:D11)」と表示されていることを確認します。

数式を確定します。
⑧ Enter を押します。
平均が表示されます。
数式をコピーします。
⑨セル【D13】を選択し、セル右下の■（フィルハンドル）をセル【G13】までドラッグします。

※数式をコピーすると、コピー先に応じて数式のセル参照は自動的に調整されます。

POINT 引数の自動認識

《合計》ボタンを使ってSUM関数やAVERAGE関数を入力すると、セルの上側または左側の数値が引数として自動的に認識されます。
※データによっては、自動的に認識されない場合があります。

STEP UP 小計の合計

各項目の小計がSUM関数で入力されている場合、総計欄で《合計》をクリックすると、小計が入力されているセルが引数として自動的に認識されます。

STEP 3 罫線や塗りつぶしを設定する

1 罫線を引く

セルに罫線を設定できます。罫線を使うと、セルとセルに区切りをつけたり、データのないセルに斜線を引いたりできます。罫線には、実線・点線・破線・太線・二重線など、様々なスタイルがあります。
罫線を引いて、表の見栄えを整えましょう。

1 格子線を引く

セルとセルに区切りをつけてデータを見やすくするために、表全体に格子の罫線を引きましょう。

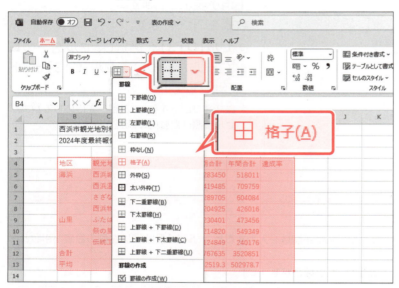

①セル範囲【B4:H13】を選択します。
②《ホーム》タブを選択します。
③《フォント》グループの《下罫線》の▼をクリックします。
④《格子》をクリックします。

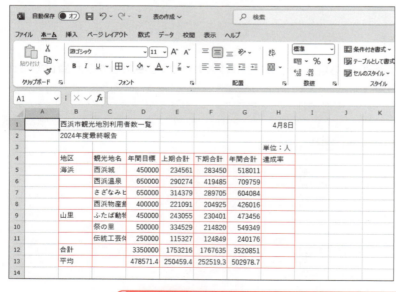

格子の罫線が引かれます。
※ボタンが直前に選択した罫線の種類に変わります。
※セル範囲の選択を解除して、罫線を確認しておきましょう。

> **POINT 罫線の解除**
>
> 罫線を解除する方法は、次のとおりです。
> ◆セル範囲を選択→《ホーム》タブ→《フォント》グループの《格子》の▼→《枠なし》
> ※ボタンは直前に選択した罫線の種類が表示されています。

2 太線を引く

表の項目名の下側や、集計行の上側の罫線の種類を変更して、データと区別します。
表の4行目と5行目、11行目と12行目の間にそれぞれ太線を引きましょう。

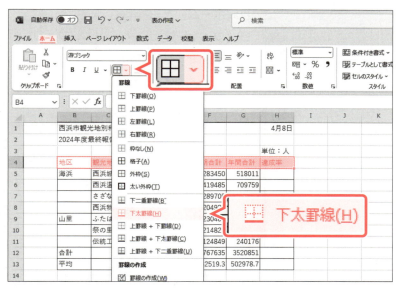

①セル範囲【B4:H4】を選択します。
②《ホーム》タブを選択します。
③《フォント》グループの《格子》の▼をクリックします。
④《下太罫線》をクリックします。

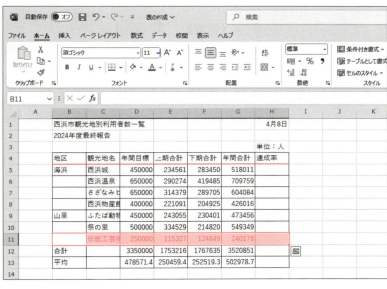

太線が引かれます。
⑤セル範囲【B11:H11】を選択します。
⑥[F4]を押します。

> **POINT 繰り返し**
> [F4]を押すと、直前に実行したコマンドを繰り返すことができます。
> ただし、[F4]を押してもコマンドが繰り返し実行できない場合もあります。

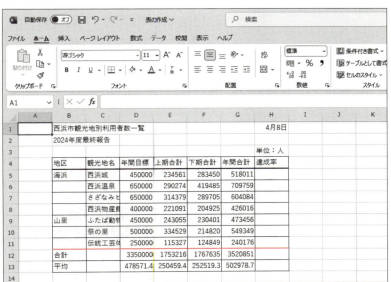

直前のコマンドが繰り返され、太線が引かれます。
※セル範囲の選択を解除して、罫線を確認しておきましょう。

3 斜線を引く

達成率の平均は表示しないため、セル【H13】に斜線を引きましょう。

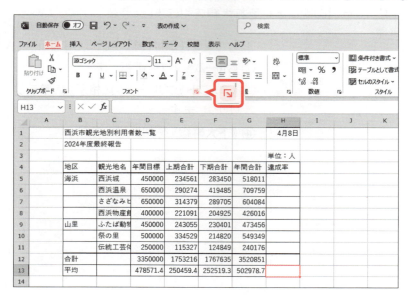

① セル【H13】をクリックします。
② 《ホーム》タブを選択します。
③ 《フォント》グループの [ ] (フォントの設定)をクリックします。

《セルの書式設定》ダイアログボックスが表示されます。
④ 《罫線》タブを選択します。
⑤ 《スタイル》の一覧から《───》を選択します。
⑥ 《罫線》の [ ] をクリックします。
《罫線》にプレビューが表示されます。
⑦ 《OK》をクリックします。

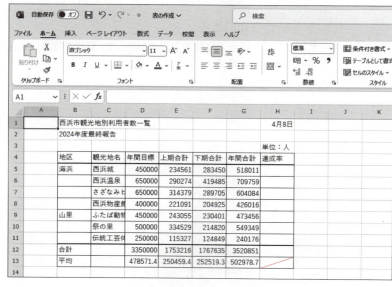

斜線が引かれます。
※セルの選択を解除して、罫線を確認しておきましょう。

STEP UP その他の方法
（セルの書式設定）

◆ セル範囲を右クリック→《セルの書式設定》
◆ セル範囲を選択→ Ctrl + [1ぬ]

2 セルの塗りつぶし

セルの背景を任意の色で塗りつぶすことができます。セルに色を塗ると、表の見栄えを整えることができます。
4行目の表の項目名を「オレンジ、アクセント2、白+基本色60%」で塗りつぶしましょう。

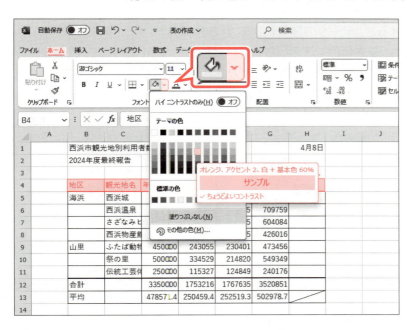

①セル範囲【B4:H4】を選択します。
②《ホーム》タブを選択します。
③《フォント》グループの《塗りつぶしの色》の▼をクリックします。
④《テーマの色》の《オレンジ、アクセント2、白+基本色60%》をクリックします。
※一覧をポイントすると、設定後のイメージを画面で確認できます。

セルが選択した色で塗りつぶされます。
※ボタンが直前に選択した色に変わります。
※セル範囲の選択を解除して、塗りつぶしの色を確認しておきましょう。

POINT リアルタイムプレビュー

「リアルタイムプレビュー」とは、一覧の選択肢をポイントすると、設定後のイメージを確認できる機能です。設定前に結果を確認できるため、繰り返し設定しなおす手間を省くことができます。

POINT セルの塗りつぶしの解除

セルの塗りつぶしを解除する方法は、次のとおりです。
◆セル範囲を選択→《ホーム》タブ→《フォント》グループの《塗りつぶしの色》の▼→《塗りつぶしなし》

STEP UP ハイコントラストのみ

色の一覧に表示される《ハイコントラストのみ》をオンにすると、ちょうどよいコントラストの色のみが表示されます。色をポイントするとサンプルが表示されるので、読みやすさを確認しながら色を選択できます。
※お使いの環境によっては、表示されない場合があります。

STEP 4　表示形式を設定する

1　表示形式

セルに「**表示形式**」を設定すると、データの見た目を変更できます。
例えば、数値に3桁区切りカンマを付けて表示したり、パーセントで表示したりして、数値を読み取りやすくできます。表示形式を設定しても、セルに入力されている数値は変更されません。
よく使う表示形式には、次のようなものがあります。

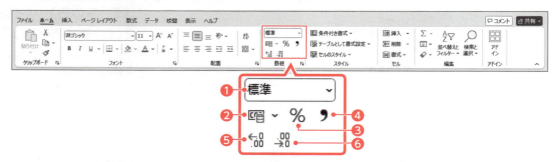

表示形式	説明
❶数値の書式	通貨や日付、時刻など数値の表示形式を選択します。
❷通貨表示形式	通貨の表示形式を設定します。 「¥3,000」のように通貨記号と3桁区切りカンマが付いた日本の通貨表示や、ドル（$）やユーロ（€）などの外国の通貨表示にできます。
❸パーセントスタイル	パーセントの表示形式を設定します。
❹桁区切りスタイル	3桁区切りカンマを設定します。
❺小数点以下の表示桁数を増やす	小数点以下の表示桁数を1桁ずつ増やします。
❻小数点以下の表示桁数を減らす	小数点以下の表示桁数を1桁ずつ減らします。

2　3桁区切りカンマの表示

表の数値に3桁区切りカンマを付けて、数値を読み取りやすくしましょう。

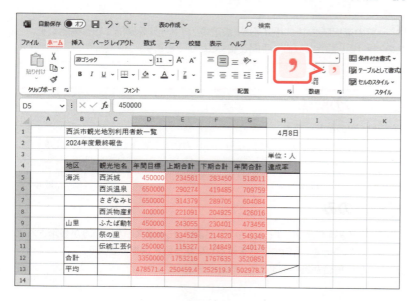

①セル範囲【D5:G13】を選択します。
②《ホーム》タブを選択します。
③《数値》グループの《桁区切りスタイル》をクリックします。

3桁区切りカンマが付きます。

※「平均」の小数点以下は四捨五入され、整数で表示されます。

3 パーセントの表示

セル範囲【H5:H12】に「達成率」を求め、「％（パーセント）」で表示しましょう。
「達成率」は、「年間合計÷年間目標」で求めます。

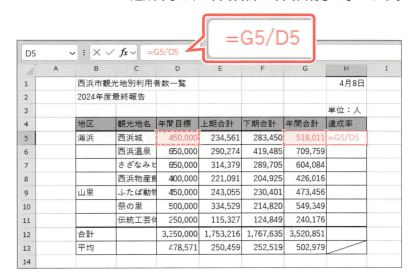

達成率を求めます。
①セル【H5】をクリックします。
②「=」を入力します。
③セル【G5】をクリックします。
④「/」を入力します。
⑤セル【D5】をクリックします。
⑥数式バーに「=G5/D5」と表示されていることを確認します。

⑦[Enter]を押します。
達成率が表示されます。
数式だけをコピーします。
⑧セル【H5】を選択し、セル右下の■（フィルハンドル）をダブルクリックします。

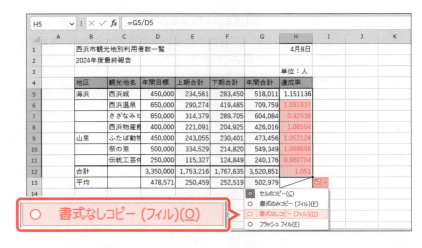

書式を含めてセルがコピーされます。

⑨《オートフィルオプション》をクリックします。

⑩《書式なしコピー（フィル）》をクリックします。

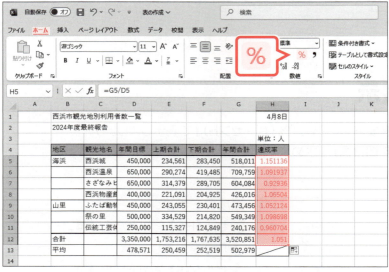

セル【H11】の下に太線が表示され、数式だけがコピーされます。

パーセントで表示します。

⑪セル範囲【H5:H12】が選択されていることを確認します。

⑫《ホーム》タブを選択します。

⑬《数値》グループの《パーセントスタイル》をクリックします。

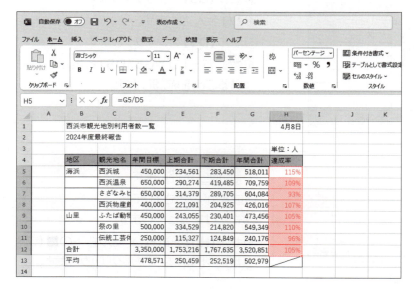

パーセントで表示されます。

※「達成率」の小数点以下は四捨五入され、整数で表示されます。

STEP UP その他の方法（パーセントの表示）

◆セル範囲を選択→《ホーム》タブ→《数値》グループの《数値の書式》の▼→《パーセンテージ》

◆ [Ctrl] + [Shift] + [％]

4　小数点以下の表示

「**達成率**」の小数点以下の表示桁数を変更する方法を確認しましょう。

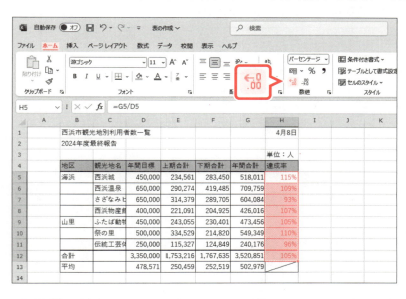

①セル範囲【H5：H12】を選択します。
②《**ホーム**》タブを選択します。
③《**数値**》グループの《**小数点以下の表示桁数を増やす**》を2回クリックします。

※クリックするごとに、小数点以下が1桁ずつ表示されます。

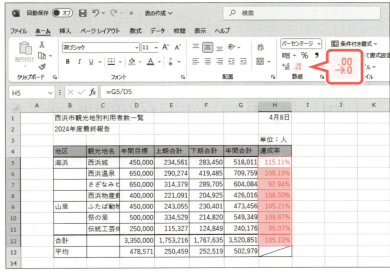

小数第2位までの表示になります。
※小数第3位で四捨五入されます。

④《**数値**》グループの《**小数点以下の表示桁数を減らす**》をクリックします。

※クリックするごとに、小数点以下が1桁ずつ非表示になります。

小数第1位までの表示になります。
※小数第2位で四捨五入されます。

> **POINT　表示形式の解除**
>
> 3桁区切りカンマ、パーセント、小数点以下の表示などの表示形式を解除する方法は、次のとおりです。
> ◆セル範囲を選択→《ホーム》タブ→《数値》グループの《数値の書式》の▼→《標準》
> ※《数値の書式》は、設定されている表示形式によって、表示が異なります。

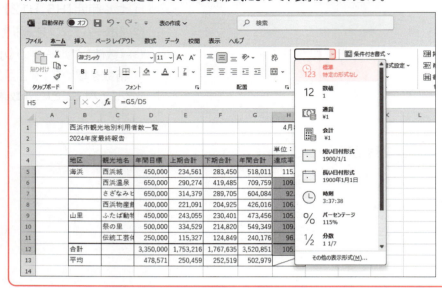

5　日付の表示

報告日の年がわかるように、セル【H1】の「4月8日」の表示形式を「2025/4/8」に変更しましょう。

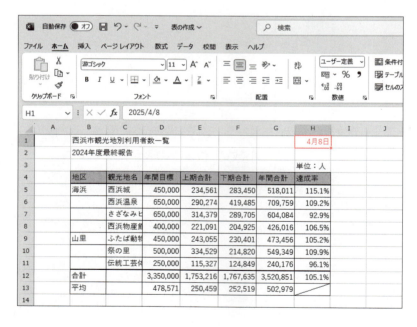

①セル【H1】をクリックします。

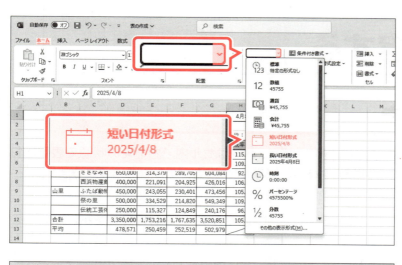

②《ホーム》タブを選択します。
③《数値》グループの《数値の書式》の▼をクリックします。
④《短い日付形式》をクリックします。

日付の表示形式が変更されます。

STEP UP 表示形式の詳細設定

表示形式の詳細を設定するには、《ホーム》タブ→《数値》グループの (表示形式) をクリックします。
《セルの書式設定》ダイアログボックスの《表示形式》タブが表示され、詳細を設定できます。
日付データの場合、《カレンダーの種類》を《グレゴリオ暦》にすると西暦、《和暦》にすると和暦の表示形式を設定できます。

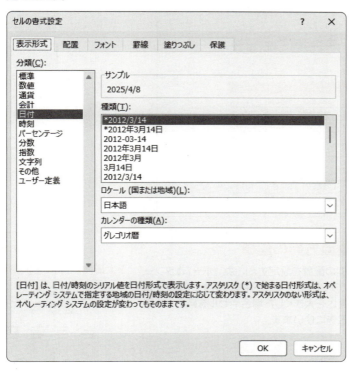

85

STEP 5 配置を設定する

1 中央揃えの設定

データを入力すると、文字列はセル内で左揃え、数値はセル内で右揃えの状態で表示されます。《左揃え》《中央揃え》《右揃え》を使うと、データの横方向の配置を変更できます。
4行目の表の項目名をセル内で中央揃えにしましょう。

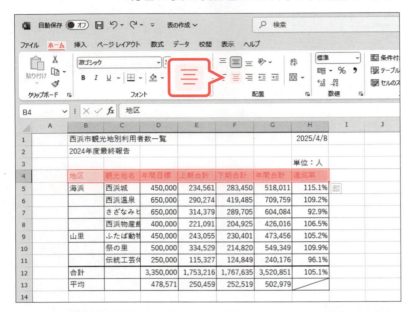

①セル範囲【B4:H4】を選択します。
②《ホーム》タブを選択します。
③《配置》グループの《中央揃え》をクリックします。

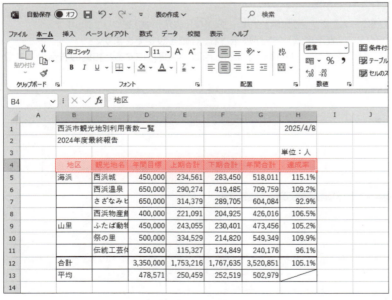

項目名がセル内で中央揃えになります。
※ボタンが濃い灰色になります。

> **POINT** 垂直方向の配置
>
> データの垂直方向の配置を設定するには、《ホーム》タブ→《配置》グループの《上揃え》《上下中央揃え》《下揃え》を使います。行の高さを大きくした場合やセルを結合して縦方向に拡張したときに使います。
>
>

2 セルを結合して中央揃えの設定

複数のセルを結合して、ひとつのセルにできます。
地区の分類をわかりやすくするため、セル範囲【B5:B8】とセル範囲【B9:B11】をそれぞれ結合し、文字列を結合したセルの中央に配置しましょう。

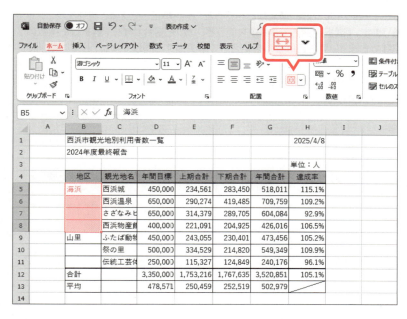

①セル範囲【B5:B8】を選択します。
②《ホーム》タブを選択します。
③《配置》グループの《セルを結合して中央揃え》をクリックします。

セルが結合され、文字列が結合したセルの中央に配置されます。
※《セルを結合して中央揃え》と《中央揃え》の各ボタンが濃い灰色になります。

④セル範囲【B9:B11】を選択します。
⑤ F4 を押します。

直前のコマンドが繰り返され、セルが結合されます。

STEP UP セルの結合

セルを結合するだけで中央揃えは設定しない場合、《セルを結合して中央揃え》の▼をクリックし、一覧から《セルの結合》を選択します。

87

> **POINT セルの結合の解除**
>
> セルの結合を解除するには、《セルを結合して中央揃え》を再度クリックします。
> ボタンが標準の色に戻ります。

> **POINT 選択範囲内で中央**
>
> セル結合を含む表を対象としてオートフィルや並べ替えなどを行うと、範囲が正しく認識されずエラーメッセージが表示される場合があります。《選択範囲内で中央》を使うと、セルを結合せずに、選択した複数のセルの左右中央にデータを配置できます。見た目はセルを結合して中央揃えと同じですが、セルは個別に選択できます。
> ◆セル範囲を選択→《ホーム》タブ→《配置》グループの 🔽 （配置の設定）→《配置》タブ→《文字の配置》の《横位置》の▼→《選択範囲内で中央》

Let's Try ためしてみよう

セル範囲【B12:C12】とセル範囲【B13:C13】をそれぞれ結合し、文字列を結合したセルの中央に配置しましょう。

Answer

① セル範囲【B12:C12】を選択
② 《ホーム》タブを選択
③ 《配置》グループの《セルを結合して中央揃え》をクリック
④ セル範囲【B13:C13】を選択
⑤ [F4]を押す

3 文字列の方向の設定

セル内の文字列を回転したり、縦書きにしたりできます。
セル【B5】とセル【B9】の文字列をそれぞれ縦書きにしましょう。

① セル範囲【B5:B9】を選択します。
② 《ホーム》タブを選択します。
③ 《配置》グループの《方向》をクリックします。
④ 《縦書き》をクリックします。

文字列が縦書きになります。

STEP 6 文字の書式を設定する

1 フォントの設定

文字の書体のことを「**フォント**」といいます。初期の設定では、入力したデータのフォントは「**游ゴシック**」です。
タイトルを目立たせるため、セル【B1】のフォントを「**游明朝Demibold**」に変更しましょう。

①セル【B1】をクリックします。

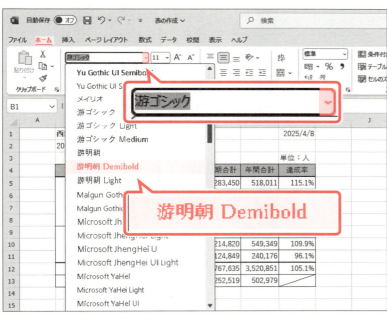

②《**ホーム**》タブを選択します。
③《**フォント**》グループの《**フォント**》の▼をクリックします。
④《**游明朝Demibold**》をクリックします。
※表示されていない場合は、スクロールして調整します。

タイトルのフォントが変更されます。

89

2 フォントサイズの設定

文字の大きさのことを「**フォントサイズ**」といい「**ポイント**」という単位で表します。初期の設定では、入力したデータのフォントサイズは11ポイントです。
セル【B1】のタイトルのフォントサイズを「**16**」に変更しましょう。

①セル【B1】をクリックします。

②《ホーム》タブを選択します。
③《フォント》グループの《フォントサイズ》の▼をクリックします。
④《16》をクリックします。

タイトルのフォントサイズが変更されます。

STEP UP フォントサイズの直接入力

設定するフォントサイズが一覧にない場合は、《フォントサイズ》のボックス内に数値を直接入力し、Enter を押して、フォントサイズを設定できます。

3 フォントの色の設定

初期の設定では、入力したデータのフォントの色は「**黒、テキスト1**」です。
「**達成率**」が最も低いセルがひと目でわかるように、セル【H7】のフォントの色を「**濃い赤**」に変更しましょう。

①セル【H7】をクリックします。

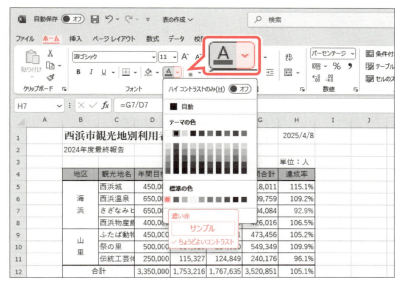

②《ホーム》タブを選択します。
③《フォント》グループの《フォントの色》の▼をクリックします。
④《標準の色》の《濃い赤》をクリックします。

セル【H7】のフォントの色が変更されます。

ためしてみよう

セル【H5】のフォントの色を「テーマの色」の「濃い緑、アクセント3」に変更しましょう。

Let's Try Answer

① セル【H5】をクリック
②《ホーム》タブを選択
③《フォント》グループの《フォントの色》の▼をクリック
④《テーマの色》の《濃い緑、アクセント3》（左から7番目、上から1番目）をクリック

4　太字の設定

太字や斜体、下線などで、データを強調できます。
4行目と12行目の表のデータを太字で強調しましょう。

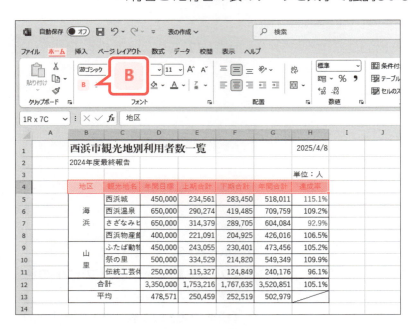

①セル範囲【B4:H4】を選択します。
②《ホーム》タブを選択します。
③《フォント》グループの《太字》をクリックします。

4行目の表のデータが太字になります。
※ボタンが濃い灰色になります。
④セル範囲【B12:H12】を選択します。
⑤ F4 を押します。

直前のコマンドが繰り返され、12行目の表のデータが太字になります。
※数値の桁数がすべてセル内に表示できない場合は、「######」と表示されます。列の幅を広げると、桁数がすべて表示されます。列の幅の設定については、P.95「STEP7 列の幅や行の高さを設定する」で学習します。

STEP UP　その他の方法（太字の設定）

◆ Ctrl + B

POINT 太字の解除

設定した太字を解除するには、《太字》を再度クリックします。ボタンが標準の色に戻ります。

POINT 斜体・下線の設定

斜体や下線を設定したり解除したりするには、《ホーム》タブ→《フォント》グループのボタンを使います。

❶斜体
データを斜体で表示します。ボタンを再度クリックすると解除されます。

❷下線
データに下線を表示します。ボタンを再度クリックすると解除されます。ボタンの▼をクリックして、二重下線を付けることもできます。

STEP UP 部分的な書式設定

セル内の文字列の一部だけの書式を変更することもできます。
セルを編集状態にして文字列の一部を選択し、《フォントサイズ》や《フォントの色》などで設定します。
※データが数値の場合は、部分的に異なる書式を設定することはできません。

STEP UP 文字の書式の一括設定

セル内の文字の書式をまとめて設定するには、《ホーム》タブ→《フォント》グループの（フォントの設定）をクリックします。《セルの書式設定》ダイアログボックスの《フォント》タブが表示され、《プレビュー》で確認しながら書式をまとめて設定できます。

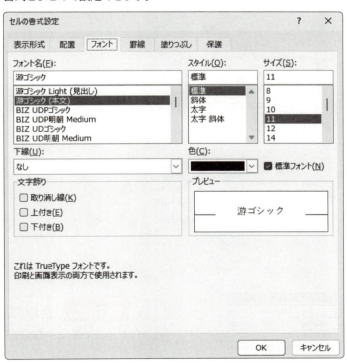

93

5 セルのスタイルの適用

フォントやフォントサイズ、フォントの色など複数の書式をまとめて名前を付けたものを「**スタイル**」といいます。Excelでは、セルに適用できるスタイルが用意されています。
サブタイトルを目立たせるため、セル【B2】にセルのスタイル「**見出し4**」を適用しましょう。

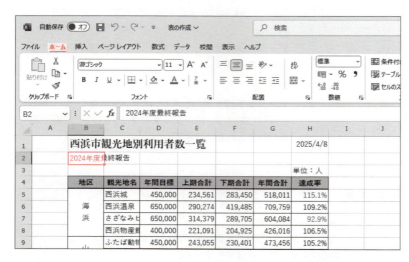

①セル【B2】をクリックします。
②《ホーム》タブを選択します。

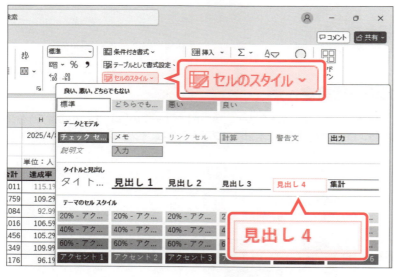

③《スタイル》グループの《セルのスタイル》をクリックします。
④《タイトルと見出し》の《見出し4》をクリックします。

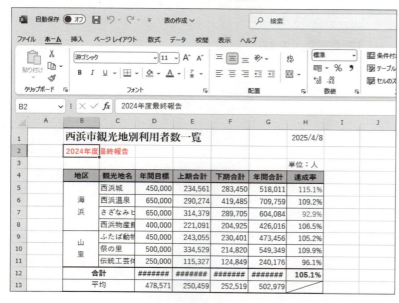

サブタイトルにセルのスタイルが適用されます。

> **POINT　セルのスタイルの解除**
> セルのスタイルを解除する方法は、次のとおりです。
> ◆セルを選択→《ホーム》タブ→《スタイル》グループの《セルのスタイル》→《良い、悪い、どちらでもない》の《標準》

STEP 7 列の幅や行の高さを設定する

1 列の幅の設定

初期の設定では、列の幅は半角英数字で約8文字分です。列の幅は自由に変更できます。

1 ドラッグによる列の幅の変更

列番号の右側の境界線をドラッグして、列の幅を変更できます。
何も入力されていないA列の列の幅を狭くしましょう。

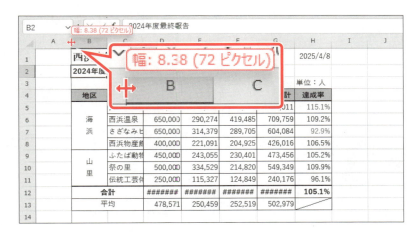

①列番号【A】の右側の境界線をポイントします。
マウスポインターの形が ✥ に変わります。
②マウスの左ボタンを押したままにします。
ポップヒントに現在の列の幅が表示されます。
※お使いの環境によっては、表示される数値が異なる場合があります。

③図のようにドラッグします。
ドラッグ中、A列の境界線が移動します。

列の幅が狭くなります。

2 ダブルクリックによる列の幅の自動調整

列番号の右側の境界線をダブルクリックすると、列の最長データに合わせて、列の幅を自動調整できます。
C～G列の列の幅をまとめて自動調整しましょう。

① 列番号【C】から列番号【G】までドラッグします。
列が選択されます。
② 選択した列番号の右側の境界線をポイントします。
※選択した列番号の右側であれば、どこでもかまいません。
マウスポインターの形が ✥ に変わります。
③ ダブルクリックします。

列の最長データに合わせて、列の幅が調整されます。
※「#######」と表示されていた数値の桁数がすべて表示されます。

STEP UP その他の方法
（列の幅の自動調整）

◆ 列を選択→《ホーム》タブ→《セル》グループの《書式》→《セルのサイズ》の《列の幅の自動調整》

3 数値による列の幅の変更

数値を指定して列の幅を変更するには、《セルの幅》ダイアログボックスを使います。
B列の列の幅を「5」に変更しましょう。

① 列番号【B】を右クリックします。
列が選択され、ショートカットメニューが表示されます。
② 《列の幅》をクリックします。

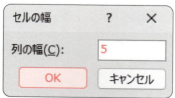

《セルの幅》ダイアログボックスが表示されます。
③ 《列の幅》に「5」と入力します。
④ 《OK》をクリックします。

列の幅が変更されます。

STEP UP　その他の方法（数値による列の幅の変更）

◆列を選択→《ホーム》タブ→《セル》グループの《書式》→《セルのサイズ》の《列の幅》

Let's Try　ためしてみよう

① H列の列の幅を「12」に変更しましょう。
② セル【H3】の文字列を右揃えにしましょう。

Let's Try Answer

①
①列番号[H]を右クリック
②《列の幅》をクリック
③《列の幅》に「12」と入力
④《OK》をクリック

②
①セル【H3】をクリック
②《ホーム》タブを選択
③《配置》グループの《右揃え》をクリック

STEP UP　文字列全体の表示

列の幅より長い文字列をセル内に表示するには、次のような方法があります。

折り返して全体を表示する

列の幅を変更せずに、文字列を折り返して全体を表示します。

◆《ホーム》タブ→《配置》グループの《折り返して全体を表示する》

縮小して全体を表示する

列の幅を変更せずに、文字列を縮小して全体を表示します。

◆《ホーム》タブ→《配置》グループの 🖻 (配置の設定)→《配置》タブ→《☑縮小して全体を表示する》

STEP UP　文字列の強制改行

セル内の文字列を強制的に改行するには、改行する位置にカーソルを表示して、[Alt]+[Enter]を押します。

2 行の高さの設定

初期の設定では、行の高さは18.75ポイントです。行の高さは自由に変更できます。
4～13行目の行の高さを「22」に変更しましょう。

①行番号【4】から行番号【13】までドラッグします。
行が選択されます。
②選択した行番号を右クリックします。
ショートカットメニューが表示されます。
③《行の高さ》をクリックします。

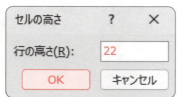

《セルの高さ》ダイアログボックスが表示されます。
④《行の高さ》に「22」と入力します。
⑤《OK》をクリックします。

行の高さが変更されます。
※行の選択を解除しておきましょう。

STEP UP その他の方法（行の高さの設定）

◆行を選択→《ホーム》タブ→《セル》グループの《書式》→《セルのサイズ》の《行の高さ》
◆行番号の下の境界線をドラッグ

STEP 8　行を削除・挿入する

1　行の削除

表内の不要なデータは、行ごと削除できます。
13行目の「平均」の行を削除しましょう。

①行番号【13】を右クリックします。
行が選択され、ショートカットメニューが表示されます。
②《削除》をクリックします。

行が削除されます。

STEP UP　その他の方法（行の削除）

◆行を選択→《ホーム》タブ→《セル》グループの《セルの削除》
◆ Ctrl + −

2 行の挿入

表内にデータを1件追加する場合は、行を挿入します。10行目と11行目の間に1行挿入して、データを入力しましょう。

① 行番号【11】を右クリックします。
行が選択され、ショートカットメニューが表示されます。
②《挿入》をクリックします。

行が挿入され、《挿入オプション》が表示されます。

《挿入オプション》

数式を確認します。
③ セル【D13】をクリックします。
④ 数式バーに「=SUM(D5:D12)」と表示され、引数が自動的に調整されていることを確認します。

挿入した行にデータを入力します。
⑤ セル範囲【C11:F11】を選択します。
※セル範囲を選択して入力すると、選択されているセル範囲の中でアクティブセルが移動するので効率的です。

⑥セル【C11】に「地学ミュージアム」と入力します。

※ Enter を押してデータを確定すると、アクティブセルが右に移動します。

⑦同様に、次のデータを入力します。

| セル【D11】：400000 |
| セル【E11】：191200 |
| セル【F11】：203478 |

※3桁区切りカンマを入力する必要はありません。
「年間合計」「達成率」の数式が自動的に入力され、計算結果が表示されます。

STEP UP その他の方法（行の挿入）

◆ 行を選択→《ホーム》タブ→《セル》グループの《セルの挿入》
◆ Ctrl + +

STEP UP 挿入オプション

表内に挿入した行には、上の行と同じ書式が自動的に適用されます。
行を挿入した直後に表示される《挿入オプション》を使うと、書式をクリアしたり、下の行の書式を適用したりできます。

- 上と同じ書式を適用(A)
- 下と同じ書式を適用(B)
- 書式のクリア(C)

STEP UP 複数行の削除・挿入

複数の行を選択して、行の削除や挿入を行うと、選択した行数分まとめて削除したり、挿入したりできます。

POINT 列の削除・挿入

行と同じように、列も削除したり挿入したりできます。

列の削除
◆ 列を右クリック→《削除》

列の挿入
◆ 列を右クリック→《挿入》

POINT 範囲を選択したデータ入力

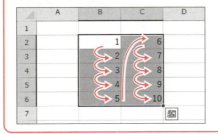

セル範囲を選択してデータを入力し、Enter を押すと、選択したセル範囲内でアクティブセルが移動するので、効率よく入力できます。
例えば、図のようにセル範囲を選択してデータを入力・確定すると、矢印の順番でアクティブセルが移動します。

STEP 9 列を非表示・再表示する

1 列の非表示

行や列は、一時的に非表示にできます。
行や列を非表示にしても入力したデータは残っているので、必要なときに再表示できます。
年間目標と年間合計を比較しやすくするため、E列の上期合計とF列の下期合計を非表示にしましょう。

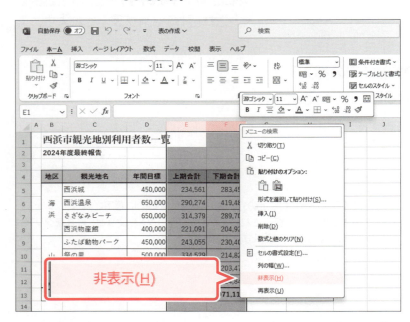

①列番号【E】から列番号【F】までドラッグします。
列が選択されます。
②選択した列番号を右クリックします。
ショートカットメニューが表示されます。
③《非表示》をクリックします。

列が非表示になります。

STEP UP その他の方法（列の非表示）

◆列を選択→《ホーム》タブ→《セル》グループの《書式》→《表示設定》の《非表示/再表示》→《列を表示しない》

2 列の再表示

非表示にした列を再表示しましょう。

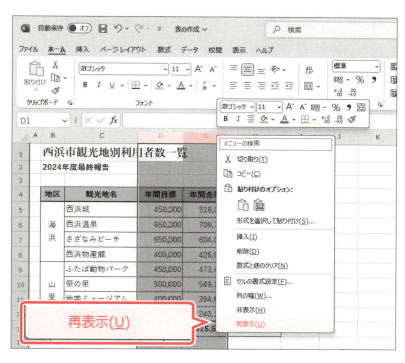

①列番号【D】から列番号【G】までドラッグします。

※非表示にした列の左右の列番号を選択します。

②選択した列番号を右クリックします。

③《再表示》をクリックします。

列が再表示されます。

※ブックに「表の作成完成」と名前を付けて、フォルダー「第3章」に保存し、閉じておきましょう。

STEP UP その他の方法（列の再表示）

◆再表示する列の左右の列番号を選択→《ホーム》タブ→《セル》グループの《書式》→《表示設定》の《非表示/再表示》→《列の再表示》

POINT 行の非表示・再表示

列と同じように、行も非表示にしたり再表示したりできます。

行の非表示

◆行番号を右クリック→《非表示》

行の再表示

◆再表示する行の上下の行番号を選択→選択した行番号を右クリック→《再表示》

練習問題

あなたは、家庭用空気清浄機のメーカーに勤務しており、他社製品の評価結果のデータをまとめることになりました。
完成図のような表を作成しましょう。

●完成図

	A	B	C	D	E	F	G
1		空気清浄機　他社評価結果					
2							
3		評価項目	A社製	C社製	G社製	M社製	R社製
4		価格	8	7	9	8	8
5		性能	7	10	10	7	9
6		操作性	5	7	9	8	9
7		拡張性	6	7	7	5	10
8		デザイン	8	8	8	5	7
9		合計	34	39	43	33	43
10		平均	6.8	7.8	8.6	6.6	8.6
11							
12		※10段階評価で、最高は10ポイントです。					

① セル【C9】に「A社製」の合計を求める数式を入力しましょう。

② セル【C10】に「A社製」の平均を求める数式を入力しましょう。

③ セル範囲【C9:C10】の数式を、セル範囲【D9:F10】にコピーしましょう。

④ 表全体に格子の罫線を引きましょう。

⑤ セル範囲【B3:F3】とセル範囲【B9:B10】の項目名に、次の書式を設定しましょう。

> 塗りつぶしの色：水色、アクセント4、白+基本色40％
> 太字
> 中央揃え

⑥ セル範囲【B1:F1】を結合し、タイトルを結合したセルの中央に配置しましょう。
　次に、フォントサイズを「16」にしましょう。

⑦ E列とF列の間に1列挿入しましょう。

⑧ 挿入した列に、次のデータを入力しましょう。

> セル【F3】：M社製　　　　セル【F6】：8
> セル【F4】：8　　　　　　セル【F7】：5
> セル【F5】：7　　　　　　セル【F8】：5

⑨ セル範囲【E9:E10】の数式を、セル範囲【F9:F10】にコピーしましょう。

> **(HINT)** 挿入した列には、数式が自動で入力されないため、E列の数式をコピーします。

⑩ A列の列の幅を「2」、B列の列の幅を「12」に設定しましょう。

※ブックに「第3章練習問題完成」と名前を付けて、フォルダー「第3章」に保存し、閉じておきましょう。

第 **4** 章

数式の入力

この章で学ぶこと ……………………………………………………… 106

STEP 1 作成するブックを確認する ………………………………… 107

STEP 2 関数の入力方法を確認する ………………………………… 108

STEP 3 いろいろな関数を利用する ………………………………… 115

STEP 4 相対参照と絶対参照を使い分ける ……………………… 122

練習問題 ……………………………………………………………… 126

この章で学ぶこと

学習前に習得すべきポイントを理解しておき、
学習後には確実に習得できたかどうかを振り返りましょう。

第4章 数式の入力

- ■ 様々な関数の入力方法を理解し、使い分けることができる。　→ P.108
- ■ データの中から最大値を求める関数を入力できる。　→ P.115
- ■ データの中から最小値を求める関数を入力できる。　→ P.116
- ■ 数値の個数を求める関数を入力できる。　→ P.118
- ■ 数値や文字列の個数を求める関数を入力できる。　→ P.120
- ■ 相対参照と絶対参照の違いを理解し、使い分けることができる。　→ P.122
- ■ 相対参照で数式を入力できる。　→ P.123
- ■ 絶対参照で数式を入力できる。　→ P.124

STEP 1 作成するブックを確認する

1 作成するブックの確認

次のようなブックを作成しましょう。

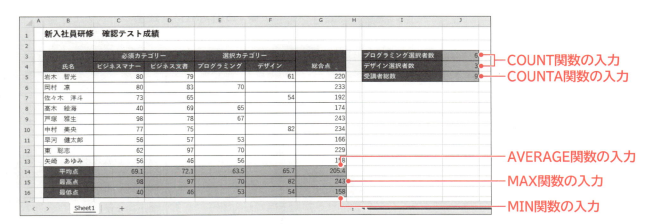

STEP 2 関数の入力方法を確認する

1 関数の入力方法

関数を入力する方法には、次のようなものがあります。

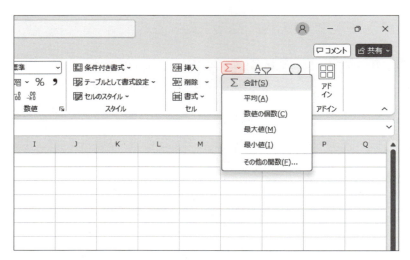

●《合計》ボタンを使う
次の関数は、関数名や括弧が自動的に入力され、引数も簡単に指定できます。

関数名	機能
SUM	合計を求める
AVERAGE	平均を求める
COUNT	数値の個数を求める
MAX	最大値を求める
MIN	最小値を求める

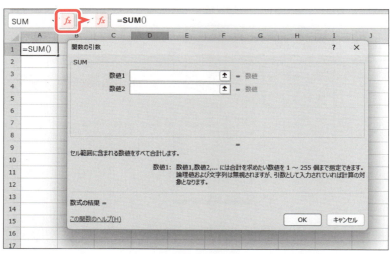

●《関数の挿入》ボタンを使う
数式バーの《関数の挿入》ボタンを使うと、ダイアログボックス上で関数や引数の説明を確認しながら、数式を入力できます。

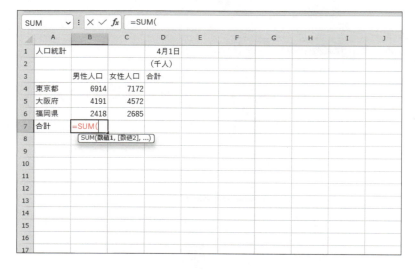

●キーボードから直接入力する
セルに関数を直接入力できます。関数や指定する引数がわかっている場合には、直接入力すると効率的です。

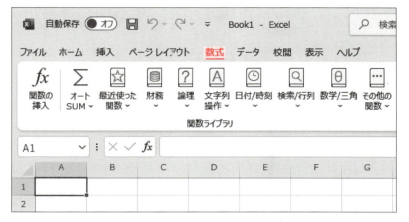

●《数式》タブから入力する
《数式》タブの《関数ライブラリ》グループには、関数の分類ごとにボタンが用意されています。分類ボタンをクリックし、一覧から関数を選択します。

2 関数の入力

それぞれの方法で、AVERAGE関数を入力してみましょう。

OPEN 数式の入力-1

1 《合計》ボタンを使う

《合計》ボタンを使って、関数を入力しましょう。
セル【C14】に「ビジネスマナー」の「平均点」を求めましょう。

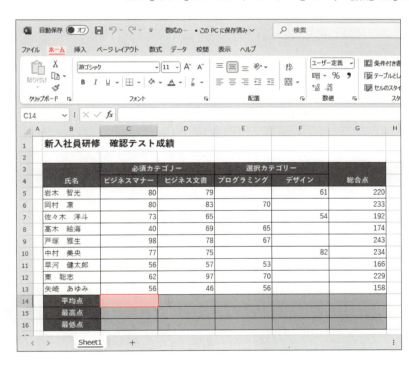

①セル【C14】をクリックします。
②《ホーム》タブを選択します。

③《編集》グループの《合計》の▼をクリックします。

④《平均》をクリックします。

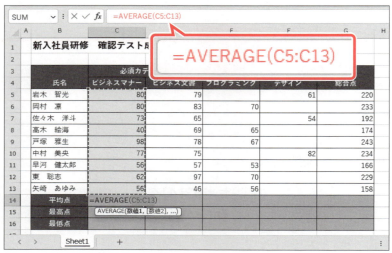

⑤数式バーに「=AVERAGE(C5:C13)」と表示されていることを確認します。

⑥ Enter を押します。

「平均点」が求められます。

※「平均点」欄には、小数第1位まで表示する表示形式が設定されています。

2 《関数の挿入》ボタンを使う

《関数の挿入》ボタンを使って、関数を入力しましょう。
セル【D14】に「ビジネス文書」の「平均点」を求めましょう。

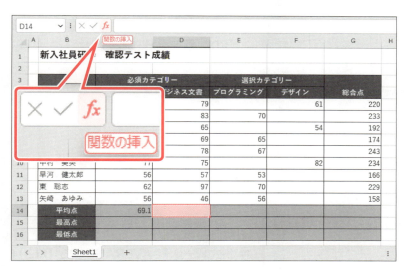

① セル【D14】をクリックします。
② 数式バーの《関数の挿入》をクリックします。

《関数の挿入》ダイアログボックスが表示されます。
③《関数の検索》に「平均」と入力します。
④《検索開始》をクリックします。

《関数名》の一覧に検索のキーワードに関連する関数が表示されます。
⑤《関数名》の一覧から《AVERAGE》を選択します。
⑥ 関数の説明を確認します。
⑦《OK》をクリックします。

― 関数の説明

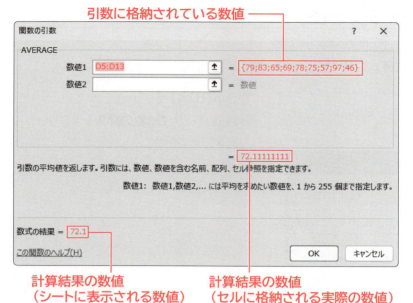

《関数の引数》ダイアログボックスが表示されます。

⑧《数値1》が「D5:D13」になっていることを確認します。

⑨引数に格納されている数値や計算結果の数値を確認します。

⑩数式バーに「=AVERAGE(D5:D13)」と表示されていることを確認します。

※数式バーが隠れている場合は、ダイアログボックスをドラッグして移動します。

⑪《OK》をクリックします。

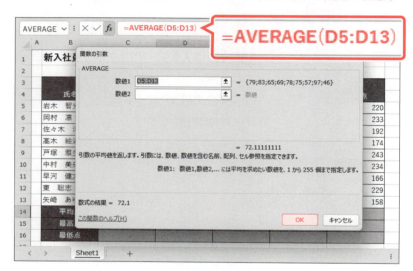

「平均点」が求められます。

STEP UP　その他の方法（関数の挿入）

◆《ホーム》タブ→《編集》グループの《合計》の▼→《その他の関数》
◆《数式》タブ→《関数ライブラリ》グループの《関数の挿入》
◆ [Shift] + [F3]

3 キーボードから直接入力する

セルに関数を直接入力しましょう。
セル【E14】に「プログラミング」の「平均点」を求めましょう。

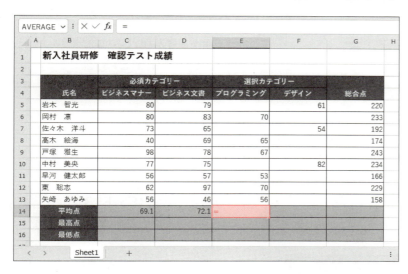

①セル【E14】をクリックします。
※入力モードを A にしておきましょう。
②「=」を入力します。

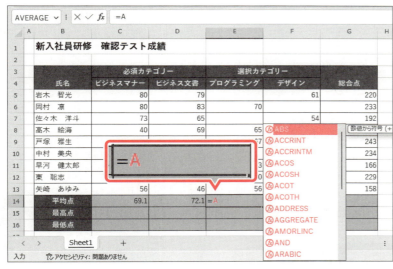

③「=」に続けて「A」を入力します。
※関数名は大文字でも小文字でもかまいません。
「A」で始まる関数名が一覧で表示されます。

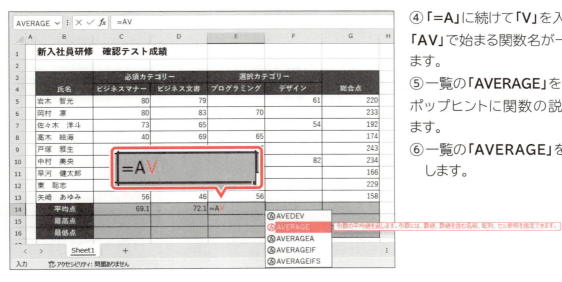

④「=A」に続けて「V」を入力します。
「AV」で始まる関数名が一覧で表示されます。
⑤一覧の「AVERAGE」をクリックします。
ポップヒントに関数の説明が表示されます。
⑥一覧の「AVERAGE」をダブルクリックします。

「=AVERAGE(」まで自動的に入力されます。

⑦「=AVERAGE(」のうしろにカーソルがあることを確認し、セル範囲【E5:E13】を選択します。

※セル範囲を直接入力してもかまいません。

「=AVERAGE(E5:E13」まで自動的に入力されます。

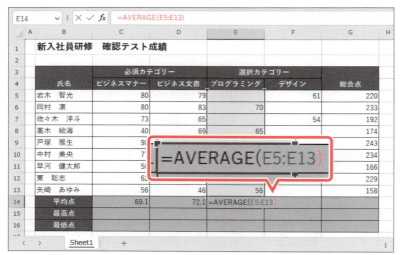

⑧「=AVERAGE(E5:E13」のうしろにカーソルがあることを確認し、「)」を入力します。

⑨数式バーに「=AVERAGE(E5:E13)」と表示されていることを確認します。

⑩ Enter を押します。

「平均点」が求められます。

ためしてみよう

セル【E14】に入力されている数式を、セル範囲【F14:G14】にコピーしましょう。

① セル【E14】を選択し、セル右下の■（フィルハンドル）をセル【G14】までドラッグ

STEP 3 いろいろな関数を利用する

1 MAX関数

「MAX関数」を使うと、最大値を求めることができます。

> ● MAX関数
> 引数の数値の中から最大値を求めます。
> ＝MAX（数値1, 数値2, …）
> 　　　引数1　　引数2
> ※引数には、対象のセルやセル範囲などを指定します。

《合計》ボタンを使って、セル【C15】に、「ビジネスマナー」の「最高点」を求めましょう。

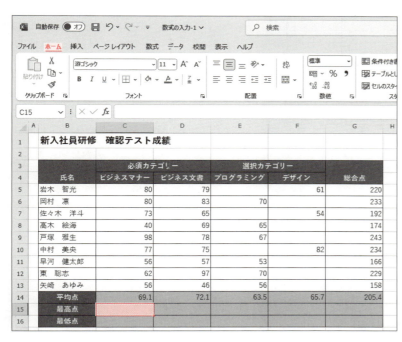

①セル【C15】をクリックします。
②《ホーム》タブを選択します。

③《編集》グループの《合計》の▼をクリックします。
④《最大値》をクリックします。

⑤数式バーに「=MAX(C5:C14)」と表示されていることを確認します。
引数のセル範囲を修正します。
⑥セル範囲【C5:C13】を選択します。
⑦数式バーに「=MAX(C5:C13)」と表示されていることを確認します。

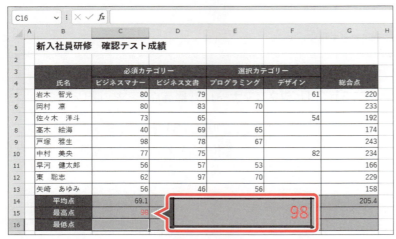

⑧ Enter を押します。
「最高点」が求められます。

2 MIN関数

「MIN関数」を使うと、最小値を求めることができます。

● MIN関数

引数の数値の中から最小値を求めます。

=MIN(数値1, 数値2, ・・・)
　　　　引数1　　引数2

※引数には、対象のセルやセル範囲などを指定します。

《合計》ボタンを使って、セル【C16】に「ビジネスマナー」の「最低点」を求めましょう。

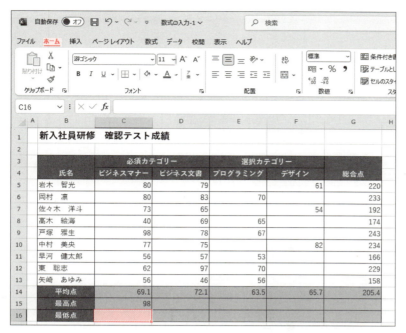

①セル【C16】をクリックします。
②《ホーム》タブを選択します。

③《編集》グループの《合計》の▼をクリックします。
④《最小値》をクリックします。

⑤数式バーに「=MIN(C5:C15)」と表示されていることを確認します。
引数のセル範囲を修正します。
⑥セル範囲【C5:C13】を選択します。
⑦数式バーに「=MIN(C5:C13)」と表示されていることを確認します。

⑧ Enter を押します。
「最低点」が求められます。

 **ためしてみよう**

セル範囲【C15:C16】に入力されている数式を、セル範囲【D15:G16】にコピーしましょう。

①セル範囲【C15:C16】を選択し、セル範囲右下の■(フィルハンドル)をセル【G16】までドラッグ

3 COUNT関数

「COUNT関数」を使うと、指定した範囲内にある数値の個数を求めることができます。

●COUNT関数

引数の中に含まれる数値の個数を求めます。

＝COUNT(値1, 値2, ･･･)
　　　　　引数1　引数2

※引数には、対象のセルやセル範囲などを指定します。

《合計》ボタンを使って、セル【J3】に、「プログラミング選択者数」を求めましょう。
「プログラミング選択者数」は、セル範囲【E5:E13】から数値の個数を数えて求めます。

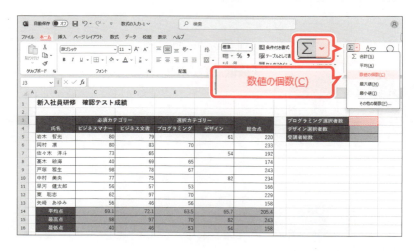

①セル【J3】をクリックします。
②《ホーム》タブを選択します。
③《編集》グループの《合計》の▼をクリックします。
④《数値の個数》をクリックします。

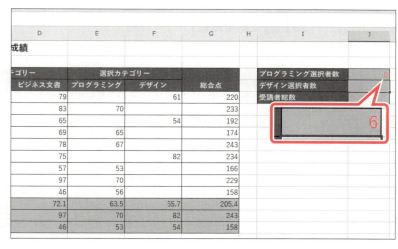

⑤ 数式バーに「=COUNT()」と表示されていることを確認します。

引数のセル範囲を選択します。

⑥ セル範囲【E5:E13】を選択します。

⑦ 数式バーに「=COUNT(E5:E13)」と表示されていることを確認します。

⑧ 〔Enter〕を押します。

「プログラミング選択者数」が求められます。

Let's Try ためしてみよう

セル【J4】に関数を入力し、「デザイン選択者数」を求めましょう。
「デザイン選択者数」は、セル範囲【F5:F13】から数値の個数を数えて求めます。

Let's Try Answer

① セル【J4】をクリック
② 《ホーム》タブを選択
③ 《編集》グループの《合計》の▼をクリック
④ 《数値の個数》をクリック
⑤ 数式バーに「=COUNT(J3)」と表示されていることを確認
⑥ セル範囲【F5:F13】を選択
⑦ 数式バーに「=COUNT(F5:F13)」と表示されていることを確認
⑧ 〔Enter〕を押す

119

4 COUNTA関数

「COUNTA関数」を使うと、指定した範囲内のデータ（数値や文字列）の個数を求めることができます。

●COUNTA関数
引数の中に含まれるデータの個数を求めます。
空白セルは数えられません。

=COUNTA(値1, 値2, ･･･)
　　　　 引数1 引数2

※引数には、対象のセルやセル範囲などを指定します。

キーボードから関数を直接入力し、セル【J5】に「受講者総数」を求めましょう。
「受講者総数」は、セル範囲【B5：B13】のデータの個数を数えて求めます。

①セル【J5】をクリックします。
※入力モードを A にしておきましょう。
②「=COU」と入力します。
「COU」で始まる関数が一覧で表示されます。
③一覧の「COUNTA」をクリックします。
ポップヒントに関数の説明が表示されます。
④一覧の「COUNTA」をダブルクリックします。

「=COUNTA(」まで自動的に入力されます。

⑤セル範囲【B5：B13】を選択します。
⑥「)」を入力します。
⑦数式バーに「=COUNTA(B5：B13)」と表示されていることを確認します。

⑧ [Enter]を押します。

「受講者総数」が求められます。

※ブックに「数式の入力-1完成」と名前を付けて、フォルダー「第4章」に保存し、閉じておきましょう。

STEP UP　オートカルク

「オートカルク」は、選択したセル範囲の合計や平均などをステータスバーに表示する機能です。関数を入力しなくても、セル範囲を選択するだけで計算結果を確認できます。
ステータスバーを右クリックすると表示される一覧で、表示する項目を☑にすると、「最大値」「最小値」「数値の個数」などをステータスバーに表示できます。

セル範囲を選択すると、計算結果が表示される

ステータスバーに表示する項目を選択

平均: 69.11111111　データの個数: 9　数値の個数: 9　最小値: 40　最大値: 98　合計: 622

STEP4 相対参照と絶対参照を使い分ける

1 セル参照の種類

数式は「=A1＊A2」のように、セルを参照して入力するのが一般的です。
セル参照には、「相対参照」と「絶対参照」があります。

●相対参照

「相対参照」は、セルの位置を相対的に参照する形式です。数式をコピーすると、セル参照は自動的に調整されます。

図のセル【D2】に入力されている「=B2＊C2」の「B2」や「C2」は相対参照です。数式をコピーすると、コピーの方向に応じて「=B3＊C3」「=B4＊C4」のように自動的に調整されます。

	A	B	C	D	E
1	商品名	価格	値引き率	値引き額	販売価格
2	スーツ	¥56,000	10%	¥5,600	
3	コート	¥75,000	20%		
4	シャツ	¥15,000	20%		

—=B2＊C2

ドラッグしてコピー

	D
1	値引き額
	¥5,600
	¥15,000
	¥3,000

行番号が調整される

—=B2＊C2
—=B3＊C3
—=B4＊C4

●絶対参照

「絶対参照」は、特定の位置にあるセルを必ず参照する形式です。数式をコピーしても、セル参照は固定されたままで調整されません。セルを絶対参照にするには、「$」を付けます。

図のセル【C4】に入力されている「=B4＊$B$1」の「$B$1」は絶対参照です。数式をコピーしても、「=B5＊$B$1」「=B6＊$B$1」のように「$B$1」は調整されません。

	A	B	C	D
1	値引き率	20%		
2				
3	商品名	価格	値引き額	販売価格
4	スーツ	¥56,000	¥11,200	
5	コート	¥75,000		
6	シャツ	¥15,000		

—=B4＊$B$1

ドラッグしてコピー

	C
3	値引き額
	¥11,200
	¥15,000
	¥3,000

セル参照は固定

—=B5＊$B$1
—=B6＊$B$1

2 相対参照

相対参照を使って、「週給」を求める数式を入力し、コピーしましょう。
「週給」は、「週勤務時間×時給」で求めます。

OPEN 数式の入力-2

① シート「Sheet1」のセル【J5】をクリックします。
② 「=」を入力します。
③ セル【H5】をクリックします。
④ 「*」を入力します。
⑤ セル【I5】をクリックします。
⑥ 数式バーに「=H5*I5」と表示されていることを確認します。

⑦ Enter を押します。
「週給」が求められます。
※「週給」欄には、通貨の表示形式が設定されています。

数式をコピーします。
⑧ セル【J5】を選択し、セル右下の■(フィルハンドル)をダブルクリックします。

数式がコピーされます。

コピー先の数式を確認します。
⑨ セル【J6】をクリックします。
⑩ 数式が「=H6*I6」になり、セル参照が自動的に調整されていることを確認します。
※その他のセルの数式も確認しておきましょう。

3 絶対参照

絶対参照を使って、「週給」を求める数式を入力し、コピーしましょう。
「週給」は、「週勤務時間×時給」で求めます。

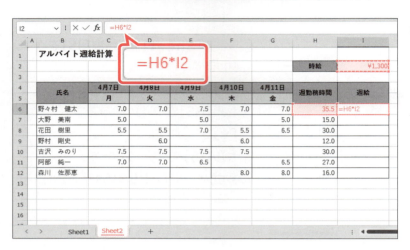

① シート「**Sheet2**」のセル【I6】をクリックします。
※シート「Sheet2」に切り替えておきましょう。
②「=」を入力します。
③ セル【H6】をクリックします。
④「*」を入力します。
⑤ セル【I2】をクリックします。
⑥ 数式バーに「**=H6*I2**」と表示されていることを確認します。

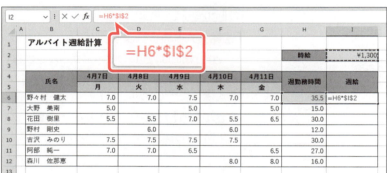

⑦ F4 を押します。
※数式の入力中に F4 を押すと、「$」が自動的に付きます。
⑧ 数式バーに「**=H6*$I$2**」と表示されていることを確認します。

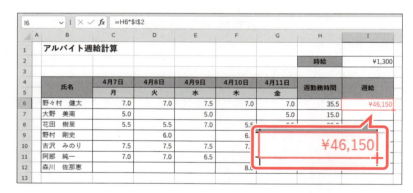

⑨ Enter を押します。
「週給」が求められます。
※「週給」欄には、通貨の表示形式が設定されています。
数式をコピーします。
⑩ セル【I6】を選択し、セル右下の■（フィルハンドル）をダブルクリックします。

数式がコピーされます。

コピー先の数式を確認します。

⑪セル【I7】をクリックします。

⑫数式が「=H7*$I$2」になり、「$I$2」のセル参照が固定されていることを確認します。

※その他のセルの数式も確認しておきましょう。
※ブックに「数式の入力-2完成」と名前を付けて、フォルダー「第4章」に保存し、閉じておきましょう。

POINT $の入力

「$」は、キーボードから入力することもできますが、セルを選択したあとに F4 (絶対参照キー) を押すと簡単に入力できます。
F4 を連続して押すと、「$I$2」(列行ともに固定)、「I$2」(行だけ固定)、「$I2」(列だけ固定)、「I2」(固定しない) の順番で切り替わります。

STEP UP 複合参照

相対参照と絶対参照を組み合わせることができます。このようなセル参照を「複合参照」といいます。

例：列は絶対参照、行は相対参照

$A1

コピーすると、「$A2」「$A3」「$A4」・・・のように、列は固定され、行は自動調整されます。

例：列は相対参照、行は絶対参照

A$1

コピーすると、「B$1」「C$1」「D$1」・・・のように、列は自動調整され、行は固定されます。

STEP UP 絶対参照を使わない場合

セル【I6】の数式を相対参照で入力してコピーすると、次のようになり、目的の計算が行われません。

=H6*I2
=H7*I3
=H8*I4

STEP UP 数式のエラー

数式にエラーの可能性があるセルに ⚠ (エラーチェック) と ▭ (エラーインジケーター) が表示されます。
⚠ (エラーチェック) をクリックすると表示される一覧から、エラーを確認したりエラーに対処したりできます。

練習問題

標準解答 ▶ P.3

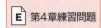

あなたは、営業管理部に所属しており、各地区の売上実績を集計することになりました。完成図のような表を作成しましょう。

●完成図

	A	B	C	D	E	F
1						2025年4月1日
2		地区別売上実績				
3						単位：万円
4		地区	予算	実績	予算達成率	地区別構成比
5		北海道	72,500	79,300	109.4%	13.2%
6		東北	85,000	86,100	101.3%	14.3%
7		甲信越	48,500	46,210	95.3%	7.7%
8		関東	107,300	104,550	97.4%	17.4%
9		東海	65,400	68,200	104.3%	11.3%
10		北陸	23,100	24,500	106.1%	4.1%
11		関西	87,400	81,120	92.8%	13.5%
12		中国・四国	58,300	57,700	99.0%	9.6%
13		九州	48,200	54,200	112.4%	9.0%
14		全社合計	595,700	601,880	101.0%	100.0%
15		最大	107,300	104,550		
16						

① セル【E5】に「北海道」の「予算達成率」を求める数式を入力しましょう。
次に、セル【E5】の数式をセル範囲【E6:E14】にコピーしましょう。

HINT 「予算達成率」は、「実績÷予算」で求めます。

② セル【F5】に「北海道」の「地区別構成比」を求める数式を入力しましょう。
次に、セル【F5】の数式をセル範囲【F6:F14】にコピーしましょう。

HINT 「地区別構成比」は、「各地区の実績÷全社の実績の合計」で求めます。

③ セル【C15】に「予算」の最大値を求める数式を入力しましょう。
次に、セル【C15】の数式をセル【D15】にコピーしましょう。

④ 完成図を参考に、セル範囲【E15:F15】に斜線を引きましょう。

⑤ セル範囲【C5:D15】に3桁区切りカンマを付けましょう。

⑥ セル範囲【E5:F14】を小数第1位までのパーセントで表示しましょう。

※ブックに「第4章練習問題完成」と名前を付けて、フォルダー「第4章」に保存し、閉じておきましょう。

第5章

複数シートの操作

この章で学ぶこと	128
STEP 1 作成するブックを確認する	129
STEP 2 シート名を変更する	130
STEP 3 グループを設定する	132
STEP 4 シートを移動・コピーする	136
STEP 5 シート間で集計する	139
参考学習　別シートのセルを参照する	142
練習問題	145

この章で学ぶこと

学習前に習得すべきポイントを理解しておき、
学習後には確実に習得できたかどうかを振り返りましょう。

第5章 複数シートの操作

- ■ シートの内容に合わせて、シート名を変更できる。 → P.130 ☑☑☑
- ■ シート見出しに色を付けることができる。 → P.131 ☑☑☑
- ■ 複数のシートに、まとめてデータの入力や書式設定ができる。 → P.132 ☑☑☑
- ■ シートを移動して、シートの順番を変更できる。 → P.136 ☑☑☑
- ■ シートをコピーして、効率よく表を作成できる。 → P.137 ☑☑☑
- ■ 複数のシートの同じセル位置のデータを集計できる。 → P.139 ☑☑☑
- ■ 別のシートのセルを参照する数式を入力できる。 → P.142 ☑☑☑
- ■ リンク貼り付けして、セルの値を参照できる。 → P.143 ☑☑☑

STEP 1 作成するブックを確認する

1 作成するブックの確認

次のようなブックを作成しましょう。

- グループの設定
- シート名の変更
- シート見出しの色の設定

- シート間の集計
- シートの移動
- シートのコピー
- シート間のセル参照
- リンク貼り付け

STEP 2 シート名を変更する

1 シート名の変更

OPEN 複数シートの操作-1

初期の設定では、シートには「Sheet1」と名前が付けられており、新しいシートを挿入すると「Sheet2」「Sheet3」という名前が付けられます。このシート名はあとから変更できます。
各シートの内容がわかるように、シート「Sheet1」の名前を「品川店」、「Sheet2」の名前を「渋谷店」、「Sheet3」の名前を「新宿店」に変更しましょう。
※アクティブシートを切り替えて、各シートの内容を確認しておきましょう。

①シート「Sheet1」のシート見出しをダブルクリックします。
シート名が選択されます。

②「品川店」と入力します。
③ Enter を押します。
シート名が変更されます。

④同様に、シート「Sheet2」の名前を「渋谷店」に変更します。
⑤同様に、シート「Sheet3」の名前を「新宿店」に変更します。

STEP UP その他の方法（シート名の変更）

◆シート見出しを選択→《ホーム》タブ→《セル》グループの《書式》→《シートの整理》の《シート名の変更》
◆シート見出しを右クリック→《名前の変更》

> **POINT　シート名に使えない記号**
>
> 次の記号はシート名に使えないので注意しましょう。
>
> ￥　[　]　＊　：　/　？

2　シート見出しの色の設定

シートを区別しやすくするために、シート見出しに色を付けることができます。
シート「**品川店**」のシート見出しの色を「**オレンジ**」にしましょう。次に、シート「**渋谷店**」「**新宿店**」のシート見出しの色をそれぞれ「**薄い青**」「**薄い緑**」にしましょう。

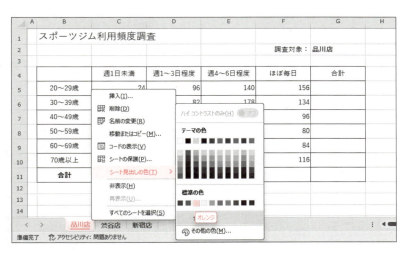

①シート「**品川店**」のシート見出しを右クリックします。

②《シート見出しの色》をポイントします。

③《標準の色》の《オレンジ》をクリックします。

シート見出しに色が付きます。

※アクティブシートのシート見出しの色は、設定した色より薄く表示されます。シートを切り替えると設定した色で表示されます。

④同様に、シート「**渋谷店**」のシート見出しの色を《標準の色》の《薄い青》に設定します。

⑤同様に、シート「**新宿店**」のシート見出しの色を《標準の色》の《薄い緑》に設定します。

STEP UP　その他の方法（シート見出しの色の設定）

◆シート見出しを選択→《ホーム》タブ→《セル》グループの《書式》→《シートの整理》の《シート見出しの色》

STEP 3 グループを設定する

1 グループの設定

複数のシートを選択すると「**グループ**」が設定されます。
グループを設定すると、複数のシートに対してまとめてデータを入力したり、書式を設定したりできます。

1 グループの設定

3枚のシートをグループとして設定しましょう。

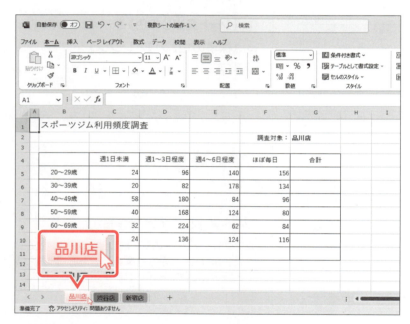

①シート「**品川店**」のシート見出しをクリックします。

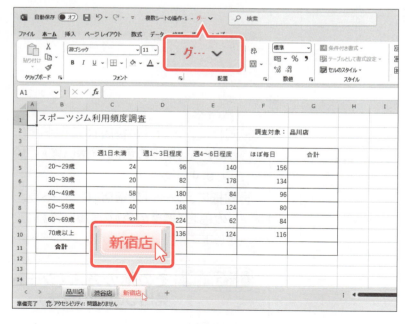

②「Shift」を押しながら、シート「**新宿店**」のシート見出しをクリックします。

3枚のシートが選択され、グループが設定されます。

③タイトルバーに《**グループ**》と表示されていることを確認します。

※お使いの環境によっては、《グループ》の文字が途中までしか表示されない場合があります。また、[グループ]と表示される場合があります。

> **POINT 複数シートの選択**
>
> 複数のシートを選択する方法は、次のとおりです。
>
> | 連続しているシート |
> ◆先頭のシート見出しをクリック→ Shift を押しながら、最終のシート見出しをクリック
>
> | 連続していないシート |
> ◆1つ目のシート見出しをクリック→ Ctrl を押しながら、2つ目以降のシート見出しをクリック
>
> | ブック内のすべてのシート |
> ◆シート見出しを右クリック→《すべてのシートを選択》

2 データ入力と書式設定

グループとして設定した3枚のシートに、次の操作を一括して行いましょう。

- ●セル範囲【B1:G1】のタイトルを選択範囲内で中央に配置する
- ●セル【B4】に「年齢区分」と入力する
- ●セル範囲【B4:G4】に太字、塗りつぶしの色「白、背景1、黒+基本色15%」を設定する
- ●合計を求める

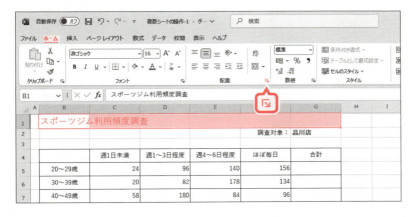

タイトルの配置を設定します。
① セル範囲【B1:G1】を選択します。
②《ホーム》タブを選択します。
③《配置》グループの（配置の設定）をクリックします。

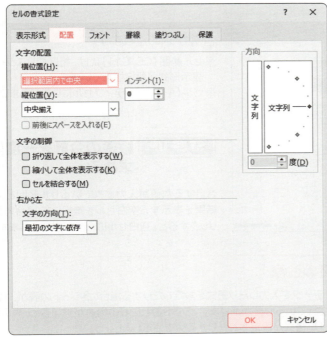

《セルの書式設定》ダイアログボックスが表示されます。
④《配置》タブを選択します。
⑤《横位置》の▼をクリックします。
⑥《選択範囲内で中央》をクリックします。
⑦《OK》をクリックします。

タイトルの配置が設定されます。
データを入力します。
⑧セル【B4】に「年齢区分」と入力します。

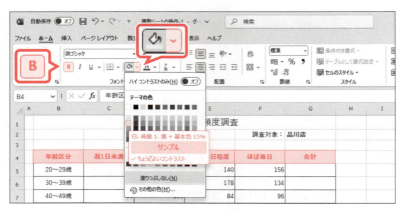

太字と塗りつぶしの色を設定します。
⑨セル範囲【B4:G4】を選択します。
⑩《フォント》グループの《太字》をクリックします。
⑪《フォント》グループの《塗りつぶしの色》の▼をクリックします。
⑫《テーマの色》の《白、背景1、黒＋基本色15％》をクリックします。

太字と塗りつぶしの色が設定されます。
合計を求めます。
⑬セル範囲【C5:G11】を選択します。

⑭《編集》グループの《合計》をクリックします。

合計が求められます。
※セル範囲【C5:G11】には、桁区切りスタイルの表示形式が設定されています。
※セル【A1】をアクティブセルにしておきましょう。

STEP UP 縦横の合計を一度に求める

合計する数値が入力されているセル範囲と、計算結果を表示する空白セルを選択して、《合計》をクリックすると、空白セルに合計が求められます。

POINT グループ利用時の注意

グループを設定したシートに対して、データを入力したり書式を設定したりする場合、各シートの表が、同じセル位置に、同じ行数、列数で作成されている必要があります。シートごとに表の構造が異なると、表の項目とは関係のない位置に入力されたり、書式が設定されたりするので注意しましょう。

2 グループの解除

シートのグループを解除し、すべてのシートにデータ入力や書式設定が反映されていることを確認しましょう。

ブック内のすべてのシートがグループになっている場合は、一番手前のシート以外のシート見出しをクリックして解除します。ブック内の一部のシートがグループになっている場合は、グループ以外のシートのシート見出しをクリックして解除します。

●すべてのシートがグループの場合　　●「品川店」「渋谷店」がグループの場合

 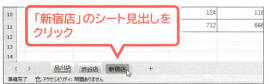

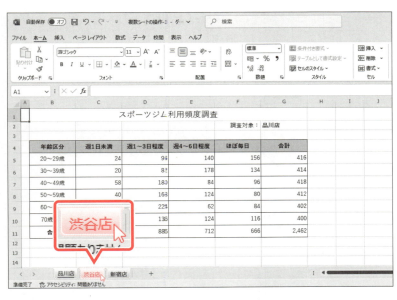

①シート「渋谷店」のシート見出しをクリックします。

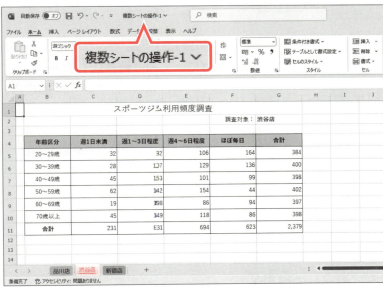

グループが解除され、シート「渋谷店」に切り替わります。

②タイトルバーに《グループ》と表示されていないことを確認します。

③データ入力や書式設定が反映されていることを確認します。

※シート「新宿店」に切り替えて、データ入力や書式設定が反映されていることを確認しておきましょう。

STEP UP その他の方法（グループの解除）

◆グループに設定されているシート見出しを右クリック→《シートのグループ解除》

STEP4 シートを移動・コピーする

1 シートの移動

シートを移動して、シートの順番を変更できます。
シートを「**新宿店**」「**渋谷店**」「**品川店**」の順番に並べましょう。

① シート「**新宿店**」のシート見出しをクリックします。
② マウスの左ボタンを押したままにします。
マウスポインターの形が に変わります。
③ シート「**品川店**」の左側にドラッグします。

④ シート「**品川店**」の左側に▼が表示されたら、マウスから手を離します。

シートが移動します。
⑤ 同様に、シート「**渋谷店**」のシート見出しをシート「**新宿店**」とシート「**品川店**」の間に移動します。

> **STEP UP** その他の方法（シートの移動）
>
> ◆移動元のシート見出しを選択→《ホーム》タブ→《セル》グループの《書式》→《シートの整理》の《シートの移動またはコピー》→《挿入先》の一覧からシートを選択
> ◆移動元のシート見出しを右クリック→《移動またはコピー》→《挿入先》の一覧からシートを選択

2 シートのコピー

シートをコピーすると、シートに入力されているデータもコピーされます。同じような形式の表を作成する場合、シートをコピーすると効率的です。
シート「**品川店**」をコピーして、シート「**全体集計**」を作成しましょう。

●シート「全体集計」

― データの修正
― データのクリア
― シート名の変更、シート見出しの色の解除

シート「**品川店**」をコピーします。
①シート「**品川店**」のシート見出しをクリックします。
②[Ctrl]を押しながら、マウスの左ボタンを押したままにします。
マウスポインターの形が に変わります。
③シート「**品川店**」の右側にドラッグします。

④シート「**品川店**」の右側に▼が表示されたら、マウスから手を離します。

※シートのコピーが完了するまで[Ctrl]を押し続けます。キーボードから先に手を離すとシートの移動になるので注意しましょう。

シートがコピーされます。

シート名を変更します。
⑤シート「品川店（2）」のシート見出しをダブルクリックします。
⑥「全体集計」と入力します。
⑦ Enter を押します。

シート名が変更されます。
シート見出しの色を解除します。
⑧シート「全体集計」のシート見出しを右クリックします。
⑨《シート見出しの色》をポイントします。
⑩《色なし》をクリックします。

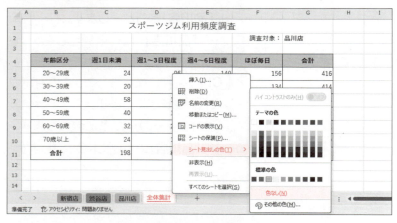

シート見出しの色が解除されます。
データを修正します。
⑪セル【G2】に「全体集計」と入力します。
データをクリアします。
⑫セル範囲【C5:F10】を選択します。
⑬ Delete を押します。

STEP UP　その他の方法（シートのコピー）

◆コピー元のシート見出しを選択→《ホーム》タブ→《セル》グループの《書式》→《シートの整理》の《シートの移動またはコピー》→《挿入先》の一覧からシートを選択→《☑コピーを作成する》
◆コピー元のシート見出しを右クリック→《移動またはコピー》→《挿入先》の一覧からシートを選択→《☑コピーを作成する》

STEP 5 シート間で集計する

1 シート間の集計

複数のシートの同じセル位置の数値を集計できます。

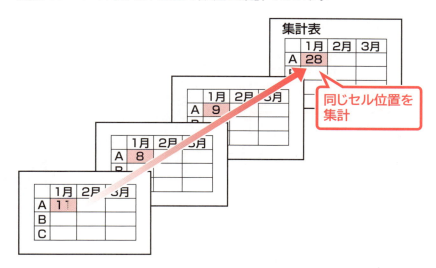

1 数式の入力

シート「**全体集計**」に、シート「**新宿店**」からシート「**品川店**」までの3枚のシートの「**20～29歳**」「**週1日未満**」の数値を集計しましょう。

①シート「**全体集計**」がアクティブシートになっていることを確認します。
②セル【**C5**】をクリックします。
③《**ホーム**》タブを選択します。

④《**編集**》グループの《**合計**》をクリックします。

⑤数式バーに「=SUM()」と表示されていることを確認します。

⑥シート「新宿店」のシート見出しをクリックします。
⑦セル【C5】をクリックします。
⑧数式バーに「=SUM(新宿店!C5)」と表示されていることを確認します。

⑨ Shift を押しながら、シート「品川店」のシート見出しをクリックします。
⑩数式バーに「=SUM('新宿店:品川店'!C5)」と表示されていることを確認します。

⑪ Enter を押します。
3枚のシートのセル【C5】の合計が求められます。
※数式を確定すると、「=SUM(新宿店:品川店!C5)」と表示されます。

> **POINT 複数シートの合計**
>
> 複数のシートの同じセル位置の合計を求めることができます。
>
> ```
> ＝SUM(新宿店:品川店!C5)
> ```
>
> シート「新宿店」からシート「品川店」までのセル【C5】の合計を求める、という意味です。
> ※別のシートや別のブックのセルを参照する数式については、P.143「POINT セルの値を参照する数式」を参照してください。

2 数式のコピー

数式をコピーして、表を完成させましょう。

①セル【C5】を選択し、セル右下の■(フィルハンドル)をダブルクリックします。

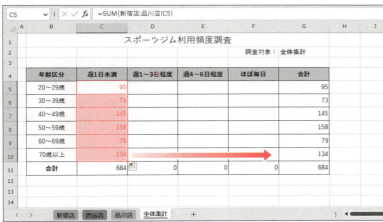

数式がコピーされます。
②セル範囲【C5:C10】を選択し、セル範囲右下の■(フィルハンドル)をセル【F10】までドラッグします。

数式がコピーされます。
※数式をコピーすると、コピー先に応じて数式のセル参照は自動的に調整されます。コピーされたセルの数式を確認しておきましょう。
※ブックに「複数シートの操作-1完成」と名前を付けて、フォルダー「第5章」に保存し、閉じておきましょう。

参考学習 別シートのセルを参照する

1 数式によるセル参照

OPEN 複数シートの操作-2

異なるシートのセルを参照し、値を表示できます。参照元のセルの値が変更されると、参照先のセルの値も自動的に再計算されます。
シート「**全体集計**」のセル【B5】に、シート「**新宿店**」のセル【G2】の値を参照して表示する数式を入力しましょう。
※アクティブシートを切り替えて、各シートの内容を確認しておきましょう。

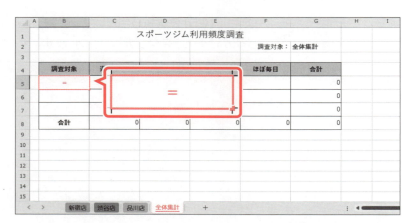

①シート「**全体集計**」のセル【B5】をクリックします。
②「=」を入力します。

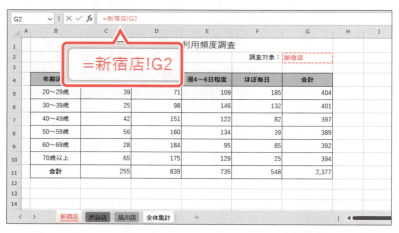

③シート「**新宿店**」のシート見出しをクリックします。
④セル【G2】をクリックします。
⑤数式バーに「**=新宿店!G2**」と表示されていることを確認します。
※「=」を入力したあとに、シートを切り替えてセルを選択すると、自動的に「シート名!セル位置」が入力されます。

⑥ Enter を押します。
セルの値を参照する数式が入力され、シート「**新宿店**」のセル【G2】の値が表示されます。

⑦同様に、シート「**全体集計**」のセル【**B6**】に、シート「**渋谷店**」のセル【**G2**】の値を参照して表示する数式を入力します。

⑧同様に、シート「**全体集計**」のセル【**B7**】に、シート「**品川店**」のセル【**G2**】の値を参照して表示する数式を入力します。

POINT セルの値を参照する数式

「同じシート内」「同じブック内の別シート」「別ブック」のセルの値を参照する数式は、次のとおりです。

セル参照	数式	例
同じシート内のセルの値	=セル位置	=A1
同じブック内の別シートのセルの値	=シート名!セル位置	=Sheet1!A1 ='4月度'!G2
別ブックのセルの値	=[ブック名]シート名!セル位置	=[URIAGE.xlsx]Sheet1!$A$1 ='[URIAGE.xlsx]4月度'!$G$2

※シート名が数字で始まる場合やシート名に空白が含まれる場合、「='4月度'!G2」のように「'(シングルクォーテーション)」で囲まれて表示されます。

2 リンク貼り付けによるセル参照

「**リンク貼り付け**」を使うと、コピー元のセルの値を参照できます。コピー元のセルの値が変更されると、コピー先の値も自動的に再計算されます。

シート「**新宿店**」のセル範囲【**C11:F11**】を、シート「**全体集計**」のセル【**C5**】を開始位置としてリンク貼り付けしましょう。

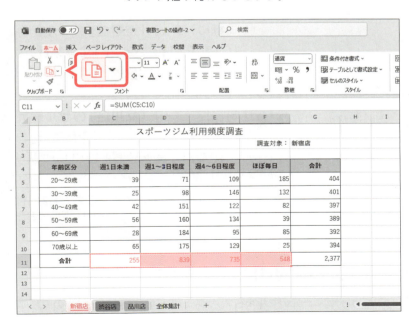

①シート「**新宿店**」のシート見出しをクリックします。

②セル範囲【**C11:F11**】を選択します。

③《**ホーム**》タブを選択します。

④《**クリップボード**》グループの《**コピー**》をクリックします。

143

⑤シート「**全体集計**」のシート見出しをクリックします。

⑥セル【C5】をクリックします。

⑦《クリップボード》グループの《貼り付け》の▼をクリックします。

⑧《その他の貼り付けオプション》の《リンク貼り付け》をポイントします。

※ボタンをポイントすると、結果を画面で確認できます。

⑨クリックします。

リンク貼り付けされます。

数式を確認します。

⑩シート「**全体集計**」のセル【C5】をクリックします。

⑪数式バーに「**=新宿店!C11**」と表示されていることを確認します。

⑫同様に、シート「**渋谷店**」のセル範囲【C11:F11】を、シート「**全体集計**」のセル【C6】を開始位置としてリンク貼り付けします。

⑬同様に、シート「**品川店**」のセル範囲【C11:F11】を、シート「**全体集計**」のセル【C7】を開始位置としてリンク貼り付けします。

※ブックに「複数シートの操作-2完成」と名前を付けて、フォルダー「第5章」に保存し、閉じておきましょう。

STEP UP **その他の方法（リンク貼り付けによるセル参照）**

◆コピー元のセルを右クリック→《コピー》→コピー先のセルを右クリック→《貼り付けのオプション》の《リンク貼り付け》

練習問題

あなたは、全国の支店の売上を管理しており、上期と下期のデータをもとに、年間売上の報告資料を作成することになりました。
完成図のような表を作成しましょう。

※アクティブシートを切り替えて、各シートの内容を確認しておきましょう。

●完成図

年間シート

支店名	上期合計	下期合計	年間合計
			単位：万円
札幌支店	23,693	20,420	44,113
仙台支店	33,957	31,810	65,767
大宮支店	15,623	15,170	30,793
千葉支店	21,607	21,408	43,015
東京本社	225,186	210,006	435,192
横浜支店	70,141	70,369	140,510
静岡支店	23,180	20,232	43,412
名古屋支店	44,657	37,745	82,402
金沢支店	16,588	18,832	35,420
大阪支店	138,563	146,442	285,005
神戸支店	13,575	19,113	32,688
広島支店	24,127	24,266	48,393
高松支店	15,945	12,927	28,872
博多支店	29,466	28,047	57,513
合計	696,308	676,787	1,373,095

上期シート

支店別売上実績　　　　　　　　　　　　　単位：万円

支店名	4月度	5月度	6月度	7月度	8月度	9月度	合計
札幌支店	4,289	4,140	4,418	3,688	3,654	3,504	23,693
仙台支店	5,183	6,840	5,189	7,438	3,845	5,462	33,957
大宮支店	2,189	2,394	2,774	2,789	2,829	2,648	15,623
千葉支店	3,839	3,645	3,539	3,540	3,360	3,684	21,607
東京本社	38,519	36,838	42,899	36,748	33,239	36,943	225,186
横浜支店	12,966	11,842	11,352	10,506	11,679	11,796	70,141
静岡支店	3,884	3,702	3,893	3,845	3,684	4,172	23,180
名古屋支店	8,429	8,280	7,289	6,682	7,301	6,676	44,657
金沢支店	2,343	2,524	3,014	2,788	2,940	2,979	16,588
大阪支店	23,471	21,990	23,939	25,177	21,843	22,143	138,563
神戸支店	2,189	2,338	2,183	2,338	2,183	2,344	13,575
広島支店	4,281	3,900	4,076	4,070	3,978	3,822	24,127
高松支店	2,384	2,518	2,678	2,680	2,768	2,917	15,945
博多支店	5,280	4,932	4,743	4,931	4,875	4,705	29,466
合計	119,246	115,883	121,986	117,220	108,178	113,795	696,308

① シート「Sheet1」の名前を「上期」、シート「Sheet2」の名前を「下期」、シート「Sheet3」の名前を「年間」にそれぞれ変更しましょう。

② シート「上期」「下期」「年間」をグループに設定しましょう。

③ グループとして設定した3枚のシートに、次の操作を一括して行いましょう。

- セル【B1】に「支店別売上実績」と入力する
- セル【B1】のフォントサイズを「16」に変更する
- セル【B1】に太字を設定する
- セル【B1】のフォントの色を「濃い青」に変更する

④ シートのグループを解除しましょう。

⑤ シート「年間」のセル【C4】に、シート「上期」のセル【I4】を参照する数式を入力しましょう。次に、シート「年間」のセル【C4】の数式を、セル範囲【C5:C17】にコピーしましょう。

⑥ シート「年間」のセル【D4】に、シート「下期」のセル【I4】を参照する数式を入力しましょう。次に、シート「年間」のセル【D4】の数式を、セル範囲【D5:D17】にコピーしましょう。

⑦ シートを「年間」「上期」「下期」の順番に並べましょう。

※ブックに「第5章練習問題完成」と名前を付けて、フォルダー「第5章」に保存し、閉じておきましょう。

第6章

表の印刷

この章で学ぶこと ································· 148
STEP 1 印刷する表を確認する ················· 149
STEP 2 表を印刷する ························· 151
STEP 3 改ページプレビューを利用する ········· 161
練習問題 ································· 164

この章で学ぶこと

学習前に習得すべきポイントを理解しておき、
学習後には確実に習得できたかどうかを振り返りましょう。

第6章 表の印刷

- ■ 表を印刷するときの手順を理解する。　→ P.151 ☑☑☑
- ■ 表示モードをページレイアウトに切り替えることができる。　→ P.152 ☑☑☑
- ■ 用紙サイズと用紙の向きを設定できる。　→ P.153 ☑☑☑
- ■ ヘッダーとフッターを設定できる。　→ P.155 ☑☑☑
- ■ 複数ページに分かれた表に共通の見出しを付けて印刷できる。　→ P.158 ☑☑☑
- ■ ブックを印刷できる。　→ P.160 ☑☑☑
- ■ 表示モードを改ページプレビューに切り替えることができる。　→ P.161 ☑☑☑
- ■ 印刷範囲や改ページ位置を調整できる。　→ P.162 ☑☑☑

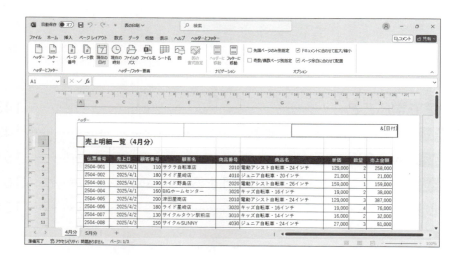

STEP 1 印刷する表を確認する

1 印刷する表の確認

次のような表を印刷しましょう。

2025/4/1 ← ヘッダーの設定

売上明細一覧（4月分）

伝票番号	売上日	顧客番号	顧客名	商品番号	商品名	単価	数量	売上金額
2504-001	2025/4/1	110	サクラ自転車店	2010	電動アシスト自転車・24インチ	129,000	2	258,000
2504-002	2025/4/1	180	ライド星崎店	4010	ジュニア自転車・20インチ	21,000	1	21,000
2504-003	2025/4/1	190	ライド野島店	2020	電動アシスト自転車・26インチ	159,000	1	159,000
2504-004	2025/4/1	160	BIGホームセンター	3020	キッズ自転車・16インチ	19,000	2	38,000
2504-005	2025/4/2	200	津田屋商店	2010	電動アシスト自転車・24インチ	129,000	3	387,000
2504-006	2025/4/2	180	ライド星崎店	3020	キッズ自転車・16インチ	19,000	4	76,000
2504-007	2025/4/2	130	サイクルタウン駅前店	3010	キッズ自転車・14インチ	16,000	2	32,000
2504-008	2025/4/3	150	サイクルSUNNY	4030	ジュニア自転車・24インチ	27,000	3	81,000
2504-009	2025/4/3	160	BIGホームセンター	1030	シティサイクル・26インチ変速付き	56,000	4	224,000
2504-010	2025/4/3	110	サクラ自転車店	3020	キッズ自転車・16インチ	19,000	4	76,000
2504-011	2025/4/4	200	津田屋商店	3020	キッズ自転車・16インチ	19,000	4	76,000
2504-012	2025/4/4	190	ライド野島店	5020	チャイルドシート・リアタイプ	14,000	4	56,000
2504-013	2025/4/4	190	ライド野島店	3030	キッズ自転車・18インチ	20,000	1	20,000
2504-014	2025/4/5	120	サイクルタウン山手店	1010	シティサイクル・26インチ	48,000	2	96,000
2504-015	2025/4/5	160	BIGホームセンター	3010	キッズ自転車・14インチ	16,000	3	48,000
2504-016	2025/4/5	180	ライド星崎店	4020	ジュニア自転車・22インチ	25,000	3	75,000
2504-017	2025/4/6	140	ふじ自転車販売	3020	キッズ自転車・16インチ	19,000	3	57,000
2504-018	2025/4/7	170	ライド柴山店	3030	キッズ自転車・18インチ	20,000	2	40,000
2504-019	2025/4/11	150	サイクルSUNNY	3030	キッズ自転車・18インチ	20,000	5	100,000
2504-020	2025/4/11	130	サイクルタウン駅前店	3010	キッズ自転車・14インチ	16,000	1	16,000
2504-021	2025/4/12	160	BIGホームセンター	1030	シティサイクル・26インチ変速付き	56,000	1	56,000
2504-022	2025/4/12	180	ライド星崎店	3020	キッズ自転車・16インチ	19,000	2	38,000

1 ← フッターの設定

印刷タイトルの設定

2025/4/1

売上明細一覧（4月分）

伝票番号	売上日	顧客番号	顧客名	商品番号	商品名	単価	数量	売上金額
2504-023	2025/4/12	180	ライド星崎店	4010	ジュニア自転車・20インチ	21,000	3	63,000
2504-024	2025/4/13	120	サイクルタウン山手店	3020	キッズ自転車・16インチ	19,000	5	95,000
2504-025	2025/4/13	130	サイクルタウン駅前店	3020	キッズ自転車・16インチ	19,000	4	76,000
2504-026	2025/4/13	140	ふじ自転車販売	5020	チャイルドシート・リアタイプ	14,000	4	56,000
2504-027	2025/4/13	160	BIGホームセンター	5020	チャイルドシート・リアタイプ	14,000	5	70,000
2504-028	2025/4/14	190	ライド野島店	1030	シティサイクル・26インチ変速付き	56,000	5	280,000
2504-029	2025/4/14	170	ライド柴山店	1010	シティサイクル・26インチ	48,000	3	144,000
2504-030	2025/4/14	180	ライド星崎店	1040	シティサイクル・27インチ変速付き	56,000	2	112,000
2504-031	2025/4/18	130	サイクルタウン駅前店	5010	チャイルドシート・フロントタイプ	12,000	4	48,000
2504-032	2025/4/18	110	サクラ自転車店	3030	キッズ自転車・18インチ	20,000	1	20,000
2504-033	2025/4/18	160	BIGホームセンター	1020	シティサイクル・27インチ	48,000	5	240,000
2504-034	2025/4/19	190	ライド野島店	1040	シティサイクル・27インチ変速付き	56,000	2	112,000
2504-035	2025/4/19	160	BIGホームセンター	3010	キッズ自転車・14インチ	16,000	3	48,000
2504-036	2025/4/20	200	津田屋商店	5020	チャイルドシート・リアタイプ	14,000	4	56,000
2504-037	2025/4/20	200	津田屋商店	2010	電動アシスト自転車・24インチ	129,000	3	387,000
2504-038	2025/4/20	150	サイクルSUNNY	5010	チャイルドシート・フロントタイプ	12,000	1	12,000
2504-039	2025/4/21	170	ライド柴山店	1040	シティサイクル・27インチ変速付き	56,000	2	112,000
2504-040	2025/4/21	190	ライド野島店	1010	シティサイクル・26インチ	48,000	1	48,000
2504-041	2025/4/21	110	サクラ自転車店	1040	シティサイクル・27インチ変速付き	56,000	4	224,000
2504-042	2025/4/21	110	サクラ自転車店	3030	キッズ自転車・18インチ	20,000	3	60,000
2504-043	2025/4/24	130	サイクルタウン駅前店	3010	キッズ自転車・14インチ	16,000	1	16,000
2504-044	2025/4/24	140	ふじ自転車販売	4030	ジュニア自転車・24インチ	27,000	2	54,000

2

2025/4/1

売上明細一覧（4月分）

伝票番号	売上日	顧客番号	顧客名	商品番号	商品名	単価	数量	売上金額
2504-045	2025/4/24	170	ライド柴山店	3020	キッズ自転車・16インチ	19,000	2	38,000
2504-046	2025/4/24	160	BIGホームセンター	3010	キッズ自転車・14インチ	16,000	3	48,000
2504-047	2025/4/25	180	ライド星崎店	1010	シティサイクル・26インチ	48,000	3	144,000
2504-048	2025/4/25	180	ライド星崎店	1030	シティサイクル・26インチ変速付き	56,000	1	56,000
2504-049	2025/4/25	180	ライド星崎店	2010	電動アシスト自転車・24インチ	129,000	1	129,000
2504-050	2025/4/25	190	ライド野島店	3020	キッズ自転車・16インチ	19,000	2	38,000
2504-051	2025/4/26	160	BIGホームセンター	2020	電動アシスト自転車・26インチ	159,000	4	636,000
2504-052	2025/4/27	120	サイクルタウン山手店	4040	ジュニア自転車・26インチ	29,000	1	29,000
2504-053	2025/4/27	120	サイクルタウン山手店	4010	ジュニア自転車・20インチ	21,000	1	21,000
2504-054	2025/4/28	110	サクラ自転車店	2020	電動アシスト自転車・26インチ	159,000	2	318,000
2504-055	2025/4/28	110	サクラ自転車店	3020	キッズ自転車・16インチ	19,000	2	38,000
2504-056	2025/4/30	200	津田屋商店	4010	ジュニア自転車・20インチ	21,000	1	21,000
2504-057	2025/4/30	150	サイクルSUNNY	4030	ジュニア自転車・24インチ	27,000	4	108,000

用紙サイズの設定
用紙の向きの設定

3

第6章 表の印刷

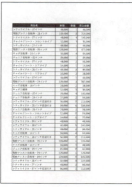
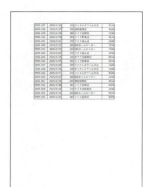
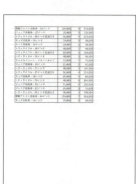
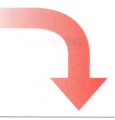

改ページプレビューを利用して
1ページに収めて印刷する

STEP 2 表を印刷する

1 印刷手順

表を印刷する手順は、次のとおりです。

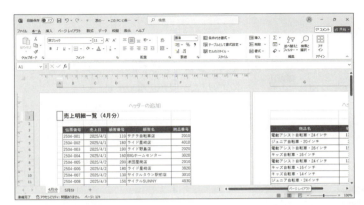

1 ページレイアウトに切り替える
表示モードをページレイアウトに切り替えます。

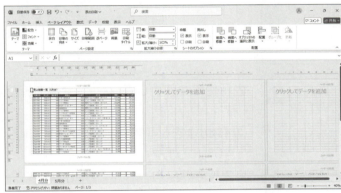

2 ページを設定する
用紙サイズ、用紙の向き、ヘッダーやフッター、印刷タイトルなどを設定します。

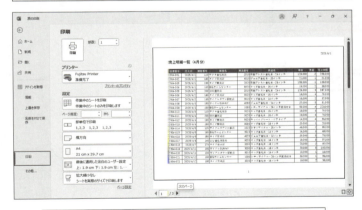

3 印刷イメージを確認する
用紙に印刷する前に、画面で印刷イメージを確認します。

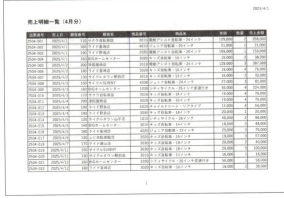

4 印刷する
用紙に印刷します。

2 ページレイアウト

OPEN 表の印刷

「ページレイアウト」は、印刷結果に近いイメージを確認できる表示モードです。ページレイアウトに切り替えると、用紙1ページにデータがどのように印刷されるかを確認したり、余白やヘッダー、フッターを直接設定したりできます。
「標準」の表示モード同様に、データを入力したり表の書式を設定したりすることもできます。
表示モードをページレイアウトに切り替えて、シート「4月分」のデータを印刷する場合のイメージを確認してみましょう。
※シート「4月分」に切り替えておきましょう。

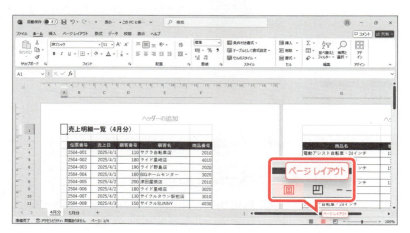

①《ページレイアウト》をクリックします。
※ボタンが濃い灰色になります。
表示モードがページレイアウトになります。

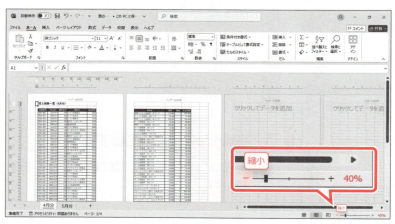

表示倍率を変更して、ページ全体を確認します。
②《縮小》を6回クリックし、表示倍率を40％にします。
※クリックするごとに、10％ずつ縮小されます。

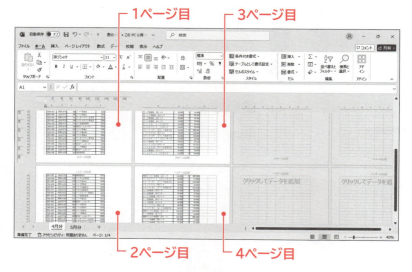

③シートをスクロールし、1枚のシートが複数のページに分かれて印刷されることを確認します。
※確認できたら、シートの先頭を表示しておきましょう。

STEP UP ルーラーの表示・非表示

ページレイアウトに切り替えると、「ルーラー」が表示されます。ルーラーの表示・非表示は切り替えることができます。
ルーラーの表示・非表示を切り替える方法は、次のとおりです。
◆《表示》タブ→《表示》グループの《☑ルーラー》/《☐ルーラー》

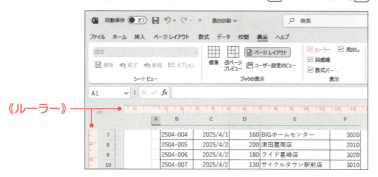

《ルーラー》

3 用紙サイズと用紙の向きの設定

次のようにページを設定しましょう。

用紙サイズ ：A4
用紙の向き ：横

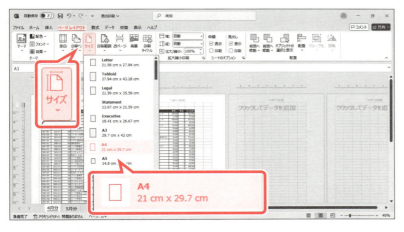

① 《ページレイアウト》タブを選択します。
② 《ページ設定》グループの《ページサイズの選択》をクリックします。
③ 《A4》をクリックします。

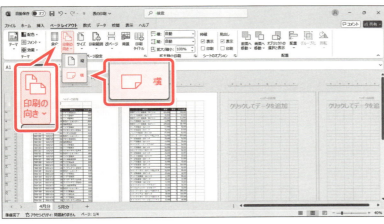

④ 《ページ設定》グループの《ページの向きを変更》をクリックします。
⑤ 《横》をクリックします。

153

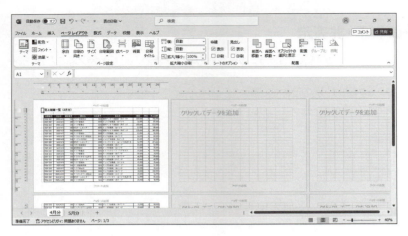

A4用紙の横向きに設定されます。

※シートをスクロールし、ページのレイアウトを確認しておきましょう。
※確認できたら、シートの先頭を表示しておきましょう。

POINT 余白の変更

初期の設定で余白は、上下「1.91cm」、左右「約1.78cm」に設定されていますが、変更することができます。余白を変更するには、次のような方法があります。

余白の調整

《ページ設定》グループの《余白の調整》を使うと、用紙の余白を設定できます。《広い》《狭い》から選択したり、上下左右の余白を個別に指定したりできます。

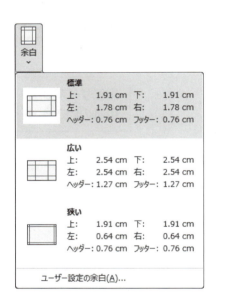

ルーラー

ページレイアウトでルーラーの境界部分をドラッグすると余白を調整できます。

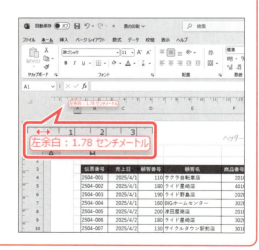

4 ヘッダーとフッターの設定

ページ上部の余白の領域を「**ヘッダー**」、ページ下部の余白の領域を「**フッター**」といいます。ヘッダーやフッターを設定すると、すべてのページに共通のデータを印刷できます。ページ番号や日付、ブック名などをヘッダーやフッターとして設定しておくと、印刷結果を配布したり、分類したりするときに便利です。
ヘッダーの右側に現在の日付、フッターの中央にページ番号が表示されるように設定しましょう。

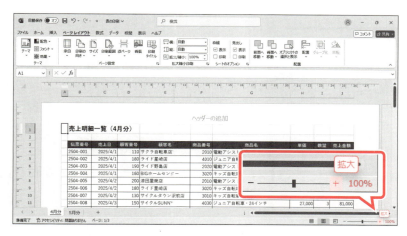

ヘッダーとフッターを確認しやすいように、表示倍率を変更します。
①《**拡大**》を6回クリックし、表示倍率を100%にします。
※クリックするごとに、10%ずつ拡大されます。

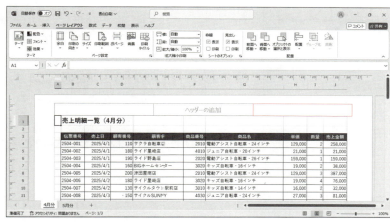

ヘッダーの右側に現在の日付を挿入します。
②ヘッダーの右側をポイントします。
ヘッダーをポイントすると、枠に色が付きます。

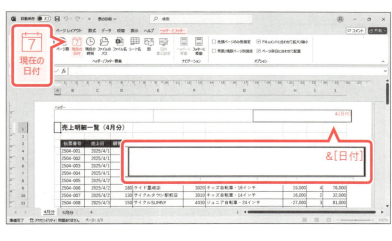

③クリックします。
リボンに《**ヘッダーとフッター**》タブが表示されます。
④《**ヘッダーとフッター**》タブを選択します。
⑤《**ヘッダー/フッター要素**》グループの《**現在の日付**》をクリックします。
ヘッダーの右側に「**&[日付]**」と表示されます。

155

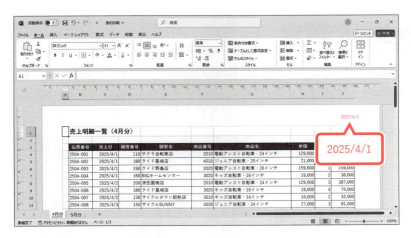

ヘッダーを確定します。
⑥ヘッダー以外の場所をクリックします。
ヘッダーの右側に現在の日付が表示されます。

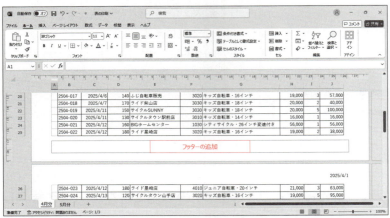

フッターの中央にページ番号を挿入します。
⑦シートをスクロールし、フッターを表示します。
⑧フッターの中央をポイントします。
フッターをポイントすると、枠に色が付きます。

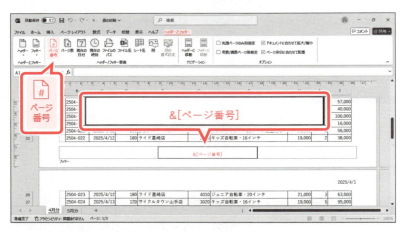

⑨クリックします。
⑩《ヘッダーとフッター》タブを選択します。
⑪《ヘッダー/フッター要素》グループの《ページ番号》をクリックします。
フッターの中央に「&[ページ番号]」と表示されます。

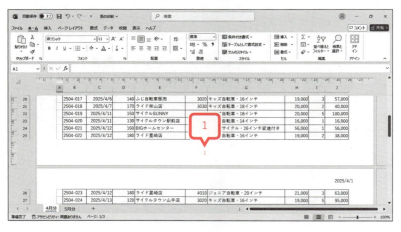

フッターを確定します。
⑫フッター以外の場所をクリックします。
フッターの中央にページ番号が表示されます。
※シートをスクロールし、2ページ目以降にヘッダーとフッターが表示されていることを確認しておきましょう。
※確認できたら、シートの先頭を表示しておきましょう。

POINT 《ヘッダーとフッター》タブ

ページレイアウトでヘッダーやフッターが選択されているとき、リボンに《ヘッダーとフッター》タブが表示され、ヘッダーやフッターに関するコマンドが使用できる状態になります。

POINT ヘッダーやフッターへの文字列の入力

ページレイアウトでは、ヘッダーやフッターに文字列を直接入力することもできます。

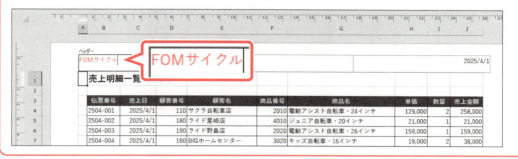

STEP UP ヘッダー/フッター要素

《ヘッダーとフッター》タブの《ヘッダー/フッター要素》グループのボタンを使うと、ヘッダーやフッターに様々な要素を挿入できます。

❶ページ番号
ページ番号を挿入します。

❷ページ数
総ページ数を挿入します。

❸現在の日付
現在の日付を挿入します。

❹現在の時刻
現在の時刻を挿入します。

❺ファイルのパス
保存場所のパスを含めてブック名を挿入します。

❻ファイル名
ブックの名前を挿入します。

❼シート名
シート名を挿入します。

❽図
図(画像)を挿入します。

❾図の書式設定
図を挿入した場合、図のサイズや明るさなどを設定します。

157

5 印刷タイトルの設定

複数ページに分かれて印刷される表では、2ページ目以降に行や列の項目名が入らない状態で印刷されます。「**印刷タイトル**」を設定すると、各ページに共通の見出しを付けて印刷できます。

1～3行目を印刷タイトルとして設定しましょう。

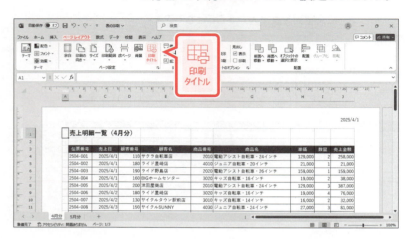

①シートをスクロールし、2ページ目以降にタイトルや項目名が表示されていないことを確認します。

※確認できたら、シートの先頭を表示しておきましょう。

②《ページレイアウト》タブを選択します。

③《ページ設定》グループの《**印刷タイトル**》をクリックします。

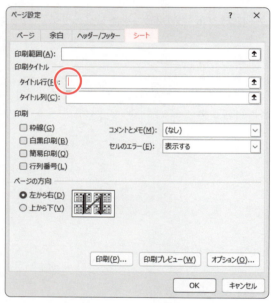

《ページ設定》ダイアログボックスが表示されます。

④《シート》タブを選択します。

⑤《印刷タイトル》の《タイトル行》のボックスをクリックします。

カーソルが表示されます。

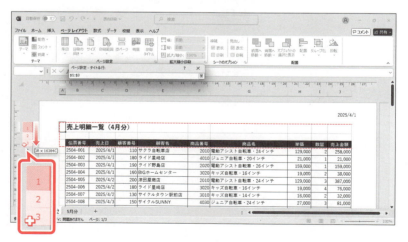

⑥行番号【1】から行番号【3】までドラッグします。

ドラッグした行が点線で囲まれます。

※ドラッグ中、マウスポインターの形が ✚ に変わり、《ページ設定》ダイアログボックスのサイズが縮小されます。

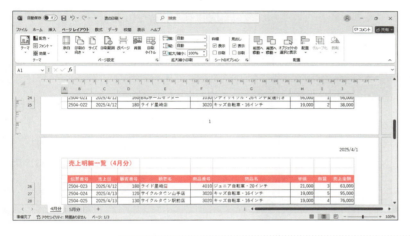

《印刷タイトル》の《タイトル行》に「$1:$3」と表示されます。

⑦《OK》をクリックします。

印刷タイトルが設定されます。

※シートをスクロールし、2ページ目以降にタイトルと項目名が表示されていることを確認しておきましょう。
※確認できたら、シートの先頭を表示しておきましょう。

STEP UP 改ページの挿入

改ページを挿入すると、指定の位置でページを区切ることができます。
改ページを挿入する方法は、次のとおりです。

◆ 改ページを挿入する行番号または列番号を選択→《ページレイアウト》タブ→《ページ設定》グループの《改ページ》→《改ページの挿入》

STEP UP ページ設定

《ページレイアウト》タブ→《ページ設定》グループの (ページ設定) をクリックすると、《ページ設定》ダイアログボックスが表示されます。《ページ設定》ダイアログボックスの各タブで、用紙サイズ、用紙の向き、余白のサイズ、ヘッダーやフッター、印刷タイトルなどを設定することができます。

6 印刷イメージの確認

印刷前に印刷イメージを確認しましょう。

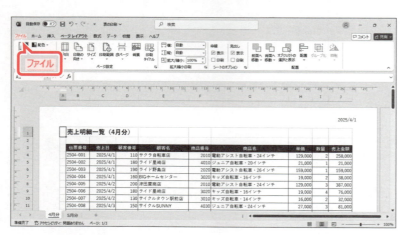

① 《ファイル》タブを選択します。

② 《印刷》をクリックします。
印刷イメージが表示されます。
③ 1ページ目が表示されていることを確認します。
④ 《次のページ》をクリックし、2ページ目を確認します。
※同様に、3ページ目を確認しておきましょう。
※確認できたら、1ページ目を表示しておきましょう。

7 印刷

表を1部印刷しましょう。

① 《印刷》の《部数》が「1」になっていることを確認します。
② 《プリンター》に印刷するプリンターの名前が表示されていることを確認します。
※表示されていない場合は、▼をクリックし、一覧から選択します。
③ 《印刷》をクリックします。
表が印刷されます。

STEP UP その他の方法（印刷）

◆ Ctrl + P

STEP 3 改ページプレビューを利用する

1 改ページプレビュー

「改ページプレビュー」は、印刷範囲や改ページ位置をひと目で確認できる表示モードです。大きな表を1ページに収めて印刷したり、各ページに印刷する領域を個々に設定したりする場合に利用します。「**標準**」や「**ページレイアウト**」と同様に、データを入力したり表の書式を設定したりすることもできます。
表示モードを改ページプレビューに切り替えましょう。

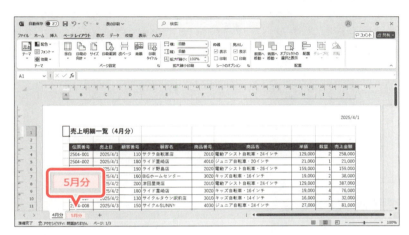

シート「**5月分**」に切り替えます。
①シート「**5月分**」のシート見出しをクリックします。

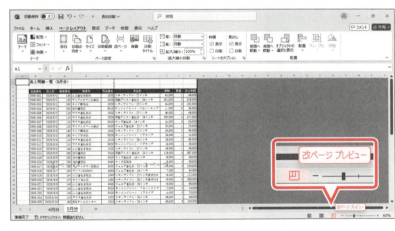

②《**改ページプレビュー**》をクリックします。
※ボタンが濃い灰色になります。
表示モードが改ページプレビューになります。
シート上に、ページ番号とページ区切りが表示されます。印刷される領域は白色の背景色、印刷されない領域は灰色の背景色で表示されます。

STEP UP ページ区切りの線

Excelによって自動的に追加されるページ区切りは青い点線で表示されます。改ページ位置を変更したり、追加したりすると、ページ区切りは青い太線で表示されます。

2 印刷範囲と改ページ位置の調整

改ページプレビューでは、印刷範囲の線や改ページ位置に表示されるページ区切りの線をドラッグすると、1ページに印刷する領域を自由に設定できます。
データが入力されているセル範囲が、1ページにすべて印刷されるように設定しましょう。

A列を印刷範囲から除きます。
① A列の左側の青い太線上をポイントします。
マウスポインターの形が ↔ に変わります。
② B列の左側までドラッグします。
※ドラッグ中、B列の左側に緑の太線が表示されます。

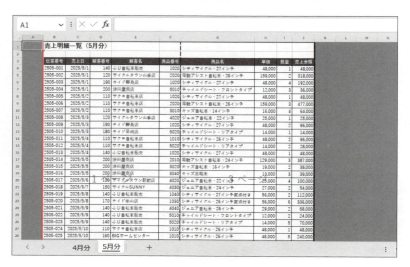

A列が印刷範囲から除かれます。

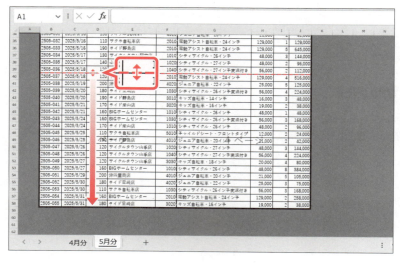

改ページ位置を変更します。
③ シートをスクロールし、データが入力されている最終行（58行目）を表示します。
④ 図の青い点線上をポイントします。
マウスポインターの形が ↕ に変わります。
⑤ 58行目の下側までドラッグします。

1ページにすべて印刷されるように設定されます。

POINT 拡大/縮小率

改ページプレビューで印刷範囲や改ページ位置を設定すると、用紙に合わせて拡大/縮小率が自動的に設定されます。
拡大/縮小率を確認する方法は、次のとおりです。
◆《ページレイアウト》タブ→《拡大縮小印刷》グループの《拡大/縮小》

POINT ページ数に合わせて印刷

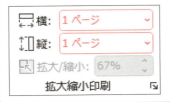

横や縦のページ数を設定すると、そのページ数に収まるように拡大/縮小率が自動的に調整されます。例えば、横1ページ、縦1ページと設定すると、1ページにすべてを印刷するように縮小されます。
横や縦のページ数を設定する方法は、次のとおりです。
◆《ページレイアウト》タブ→《拡大縮小印刷》グループの《横》/《縦》

POINT 印刷範囲や改ページ位置の解除

設定した印刷範囲を解除する方法は、次のとおりです。
◆改ページプレビューで任意のセルを右クリック→《印刷範囲の解除》

設定した改ページ位置を解除する方法は、次のとおりです。
◆改ページプレビューで任意のセルを右クリック→《すべての改ページを解除》

ためしてみよう

印刷イメージを確認し、表を1部印刷しましょう。

Let's Try Answer

①《ファイル》タブを選択
②《印刷》をクリック
③印刷イメージを確認
④《印刷》の《部数》が「1」になっていることを確認
⑤《印刷》をクリック

※ブックに「表の印刷完成」と名前を付けて、フォルダー「第6章」に保存し、閉じておきましょう。

練習問題

あなたは、会社の管理グループに所属しており、社内ポータルサイトの投稿管理台帳を印刷することになりました。
完成図のように印刷の設定をしましょう。

●完成図

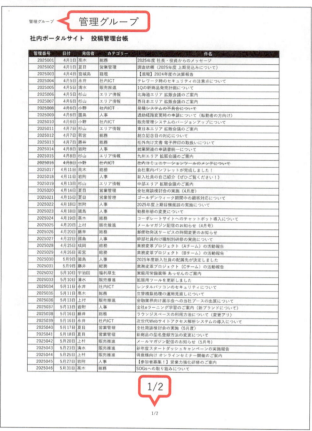

① 表示モードをページレイアウトに切り替えて、表示倍率を70%にしましょう。

② A4用紙の縦向きに印刷されるように、ページを設定しましょう。

③ ヘッダーの左側に「**管理グループ**」という文字列が印刷されるように設定しましょう。
次に、フッターの中央に「**ページ番号/総ページ数**」が印刷されるように設定しましょう。

④ 4〜6行目を印刷タイトルとして設定しましょう。

⑤ 表示モードを改ページプレビューに切り替えましょう。

⑥ A列と1〜3行目を印刷範囲から除きましょう。

⑦ 1ページ目に4・5月分のデータ、2ページ目に6・7月分のデータが印刷されるように、改ページ位置を変更しましょう。

⑧ 印刷イメージを確認し、表を1部印刷しましょう。

※ブックに「**第6章練習問題完成**」と名前を付けて、フォルダー「**第6章**」に保存し、閉じておきましょう。

第7章

グラフの作成

この章で学ぶこと ……………………………………………… 166
STEP 1 作成するグラフを確認する …………………… 167
STEP 2 グラフ機能の概要 ………………………………… 168
STEP 3 円グラフを作成する ……………………………… 169
STEP 4 縦棒グラフを作成する …………………………… 181
練習問題 ………………………………………………………… 194

この章で学ぶこと

学習前に習得すべきポイントを理解しておき、
学習後には確実に習得できたかどうかを振り返りましょう。

第7章 グラフの作成

- ■ グラフの作成手順を説明できる。　→ P.168 ☑☑☑
- ■ 円グラフを作成できる。　→ P.169 ☑☑☑
- ■ 円グラフの構成要素を説明できる。　→ P.172 ☑☑☑
- ■ グラフタイトルを入力できる。　→ P.173 ☑☑☑
- ■ グラフの位置やサイズを調整できる。　→ P.174 ☑☑☑
- ■ グラフにスタイルを適用して、グラフ全体のデザインを変更できる。　→ P.176 ☑☑☑
- ■ グラフの色を変更できる。　→ P.177 ☑☑☑
- ■ 円グラフから一部を切り離して強調できる。　→ P.178 ☑☑☑
- ■ 縦棒グラフを作成できる。　→ P.181 ☑☑☑
- ■ 縦棒グラフの構成要素を説明できる。　→ P.183 ☑☑☑
- ■ グラフの場所を変更できる。　→ P.185 ☑☑☑
- ■ グラフの項目とデータ系列を入れ替えることができる。　→ P.186 ☑☑☑
- ■ グラフの種類を変更できる。　→ P.187 ☑☑☑
- ■ グラフに必要な要素を、個別に配置できる。　→ P.188 ☑☑☑
- ■ グラフの要素に対して、書式を設定できる。　→ P.190 ☑☑☑
- ■ グラフフィルターを使って、必要なデータに絞り込んで表示できる。　→ P.193 ☑☑☑

STEP 1 作成するグラフを確認する

1 作成するグラフの確認

次のようなグラフを作成しましょう。

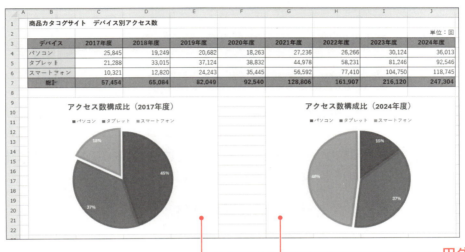

円グラフの作成

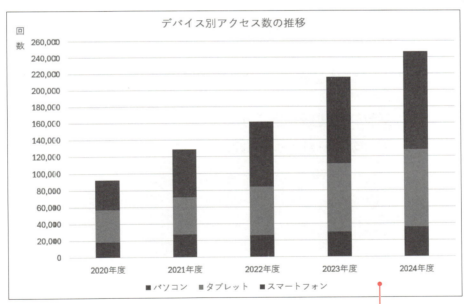

縦棒グラフの作成

STEP 2 グラフ機能の概要

1 グラフ機能

表のデータをもとに、簡単に「**グラフ**」を作成できます。グラフはデータを視覚的に表現できるため、データを比較したり傾向を分析したりするのに適しています。
Excelには、縦棒・横棒・折れ線・円などの基本のグラフが用意されています。さらに、基本の各グラフには、形状をアレンジしたパターンが複数用意されています。

2 グラフの作成手順

グラフは、グラフのもとになるセル範囲とグラフの種類を選択するだけで作成できます。
グラフを作成する基本的な手順は、次のとおりです。

1 もとになるセル範囲を選択する

グラフのもとになるデータが入力されているセル範囲を選択します。

	B	C	D	E	F	G
1	商品カタログサイト　デバイス別アクセス数					
2						
3	デバイス	2017年度	2018年度	2019年度	2020年度	2021年度
4	パソコン	25,845	19,249	20,682	18,263	27,236
5	タブレット	21,288	33,015	37,124	38,832	44,978
6	スマートフォン	10,321	12,820	24,243	35,445	56,592
7	総計	57,454	65,084	82,049	92,540	128,806
8						

2 グラフの種類を選択する

グラフの種類・パターンを選択して、グラフを作成します。

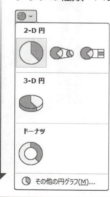

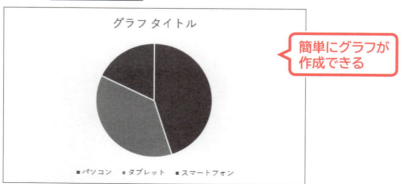

簡単にグラフが作成できる

STEP 3 円グラフを作成する

1 円グラフの作成

「円グラフ」は、全体に対して各項目がどれくらいの割合を占めるかを表現するときに使います。全体に対する各項目の割合が視覚的にわかるため、商品の売れ筋を把握したり、全体の傾向を確認したりするのに適しています。
円グラフを作成しましょう。

1 セル範囲の選択

グラフを作成する場合、まず、グラフのもとになるセル範囲を選択します。
円グラフの場合、次のように項目と数値が入力されたセル範囲を選択します。

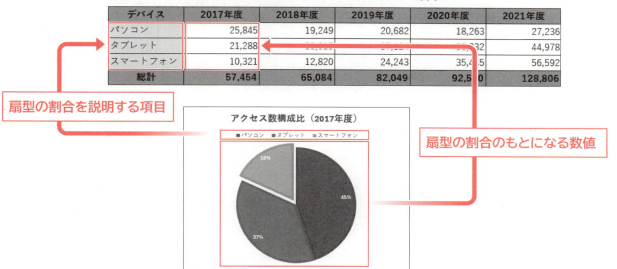

●2017年度の構成比を表す円グラフを作成する場合

扇型の割合を説明する項目
扇型の割合のもとになる数値

●2024年度の構成比を表す円グラフを作成する場合

扇型の割合を説明する項目
扇型の割合のもとになる数値

2 円グラフの作成

表のデータをもとに、「**デバイス別アクセス数の構成比**」を表す円グラフを作成しましょう。
「**2017年度**」の数値をもとにグラフを作成します。

①セル範囲**【B4：C6】**を選択します。

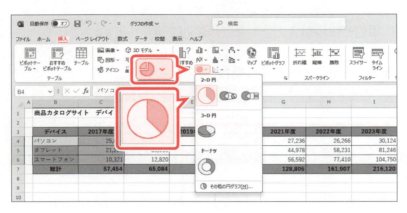

②《**挿入**》タブを選択します。
③《**グラフ**》グループの《**円またはドーナツグラフの挿入**》をクリックします。
④《**2-D円**》の《**円**》をクリックします。

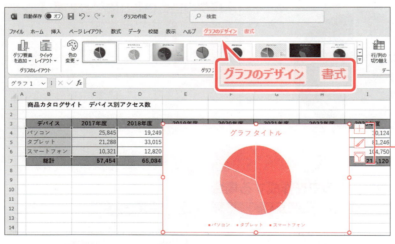

円グラフが作成されます。
グラフの右側に「**ショートカットツール**」が表示され、リボンに《**グラフのデザイン**》タブと《**書式**》タブが表示されます。
※《グラフのデザイン》タブと《書式》タブが表示されない場合は、グラフをクリックして選択しましょう。

——《**ショートカットツール**》

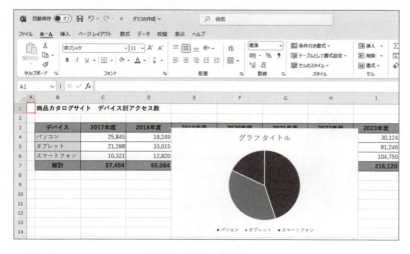

グラフが選択された状態になっているので、選択を解除します。
⑤任意のセルをクリックします。
グラフの選択が解除されます。

POINT ショートカットツール

グラフを選択すると、グラフの右側に3つのボタンが表示されます。
ボタンの名称と役割は、次のとおりです。

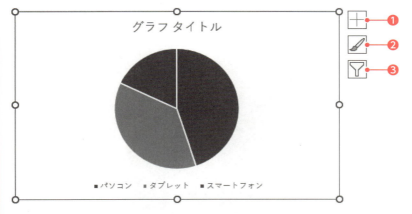

❶ グラフ要素
グラフのタイトルや凡例などのグラフ要素の表示・非表示を切り替えたり、表示位置を変更したりします。

❷ グラフスタイル
グラフのスタイルや配色を変更します。

❸ グラフフィルター
グラフに表示するデータを絞り込みます。

POINT 《グラフのデザイン》タブと《書式》タブ

グラフを選択すると、リボンに《グラフのデザイン》タブと《書式》タブが表示され、グラフに関するコマンドが使用できる状態になります。

POINT グラフの項目の並び順

グラフのデータは、グラフのもとになるセル範囲の先頭から順に表示されます。グラフをデータの大きい順に表示する場合は、表を並べ替えておく必要があります。
並べ替えについては、P.208「POINT 表の並べ替え」を参照してください。

STEP UP おすすめグラフの作成

「おすすめグラフ」を使うと、選択したデータに適した数種類の候補から選択して、グラフを作成できます。
おすすめグラフを使って、グラフを作成する方法は、次のとおりです。

◆グラフのもとになるセル範囲を選択→《挿入》タブ→《グラフ》グループの《おすすめグラフ》

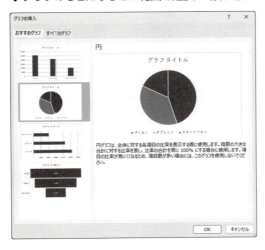

2 円グラフの構成要素

円グラフを構成する要素を確認しましょう。

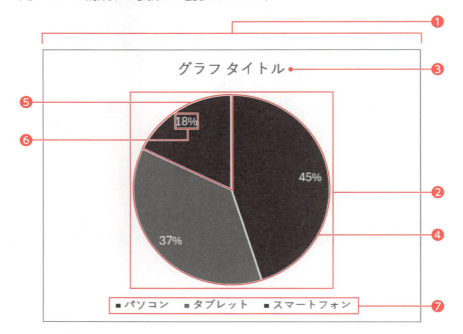

❶ グラフエリア
グラフ全体の領域です。グラフのタイトルや凡例などのすべての要素が含まれます。

❷ プロットエリア
円グラフの領域です。

❸ グラフタイトル
グラフのタイトルです。

❹ データ系列
もとになる数値を視覚的に表すすべての扇型です。

❺ データ要素
もとになる数値を視覚的に表す個々の扇型です。

❻ データラベル
データ要素を説明する文字列です。

❼ 凡例
データ要素に割り当てられた色を識別するための情報です。

3 グラフタイトルの入力

グラフタイトルに「**アクセス数構成比（2017年度）**」と入力しましょう。

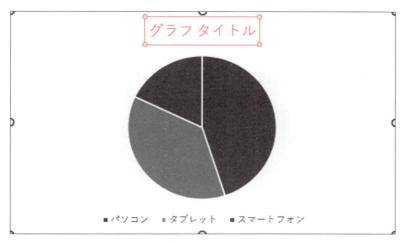

①グラフタイトルをクリックします。
※ポップヒントに《グラフタイトル》と表示されることを確認してクリックしましょう。
グラフタイトルが選択されます。

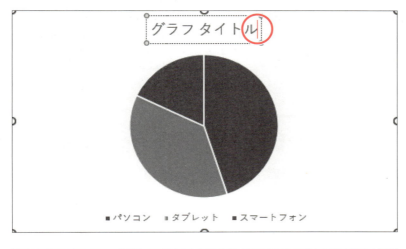

②グラフタイトルを再度クリックします。
グラフタイトルが編集状態になり、カーソルが表示されます。

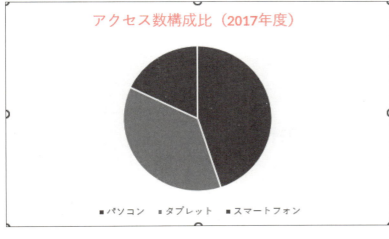

③「**グラフタイトル**」を削除し、「**アクセス数構成比（2017年度）**」と入力します。
④グラフタイトル以外の場所をクリックします。
グラフタイトルが確定されます。

POINT　グラフ要素の選択

グラフを編集する場合、まず対象となる要素を選択し、次にその要素に対して処理を行います。グラフ上の要素は、クリックすると選択できます。
要素をポイントすると、ポップヒントに要素名が表示されます。複数の要素が重なっている箇所や要素の面積が小さい箇所は、選択するときにポップヒントで確認するようにしましょう。要素の選択ミスを防ぐことができます。

4 グラフの移動とサイズ変更

グラフは、作成後に位置やサイズを調整できます。
グラフの位置とサイズを調整しましょう。

1 グラフの移動

表と重ならないように、グラフをシート上の適切な場所に移動しましょう。

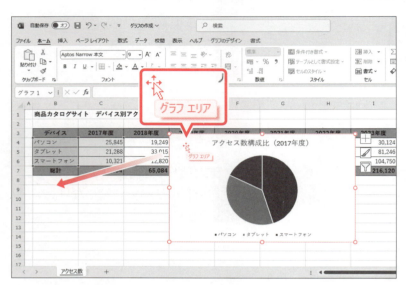

①グラフを選択します。
②グラフエリアをポイントします。
　マウスポインターの形が に変わります。
③ポップヒントに《グラフエリア》と表示されていることを確認します。
④図のようにドラッグします。
　（目安：セル【B9】）

※ポップヒントが《プロットエリア》や《系列1》など《グラフエリア》以外のものでは正しく移動できません。ポップヒントに《グラフエリア》と表示されることを確認してドラッグしましょう。

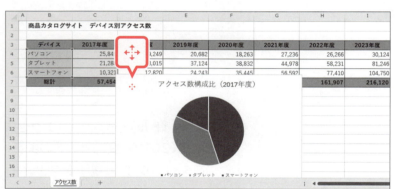

ドラッグ中、マウスポインターの形が に変わります。

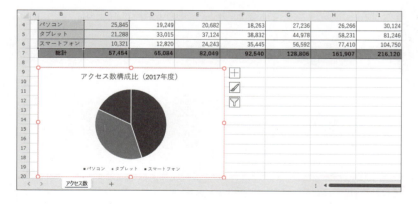

グラフが移動します。

2 グラフのサイズ変更

グラフのサイズを変更しましょう。

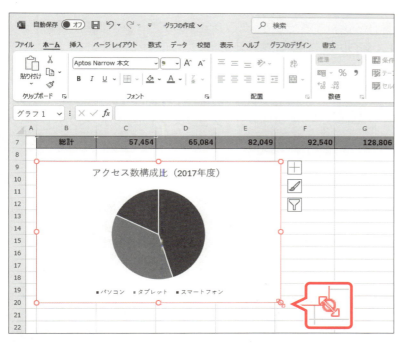

①グラフが選択されていることを確認します。
※グラフがすべて表示されていない場合は、スクロールして調整します。
②グラフエリア右下の○（ハンドル）をポイントします。
マウスポインターの形が に変わります。

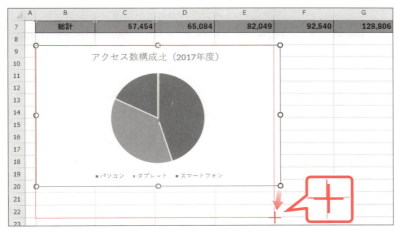

③図のようにドラッグします。
（目安：セル【E22】）
ドラッグ中、マウスポインターの形が＋に変わります。

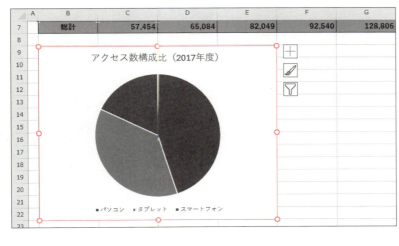

グラフのサイズが変更されます。

POINT　グラフの配置

Alt を押しながら、グラフの移動やサイズ変更を行うと、セルの枠線に合わせて配置されます。

175

5 グラフスタイルの適用

Excelのグラフには、グラフ要素の配置や背景の色、効果などの組み合わせが「**スタイル**」として用意されています。一覧から選択するだけで、グラフ全体のデザインを変更できます。
円グラフにグラフスタイル「**スタイル8**」を適用しましょう。

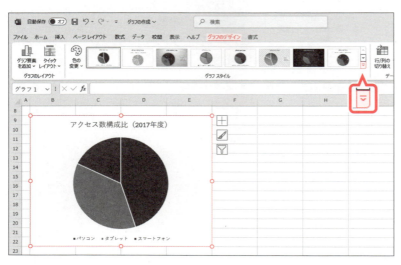

①グラフを選択します。
②《**グラフのデザイン**》タブを選択します。
③《**グラフスタイル**》グループの ▽ をクリックします。

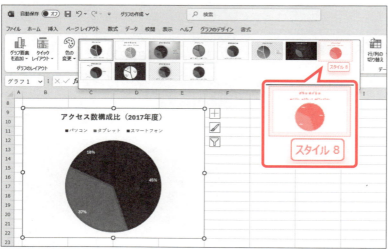

グラフのスタイルが一覧で表示されます。
④《**スタイル8**》をクリックします。
※一覧をポイントすると、設定後のイメージを画面で確認できます。

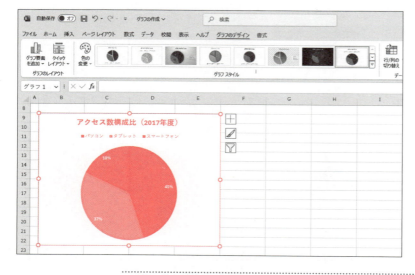

グラフにスタイルが適用されます。

STEP UP その他の方法（グラフスタイルの適用）

◆グラフを選択→ショートカットツールの《グラフスタイル》→《スタイル》→一覧から選択

6 グラフの色の変更

Excelのグラフには、データ要素ごとの配色がいくつか用意されています。配色を使うと、グラフの色を瞬時に変更できます。
グラフの色を「モノクロパレット4」に変更しましょう。

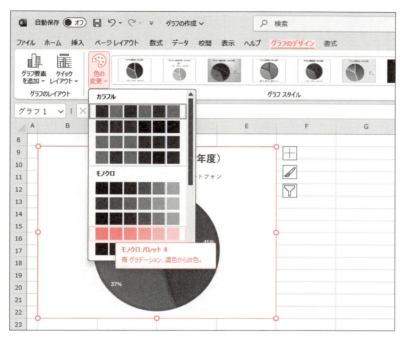

①グラフを選択します。
②《グラフのデザイン》タブを選択します。
③《グラフスタイル》グループの《グラフクイックカラー》をクリックします。
④《モノクロ》の《モノクロパレット4》をクリックします。
※一覧をポイントすると、設定後のイメージを画面で確認できます。

グラフの色が変更されます。

STEP UP その他の方法（グラフの色の変更）

◆グラフを選択→ショートカットツールの《グラフスタイル》→《色》→一覧から選択

STEP UP グラフ要素の色の変更

グラフエリアやデータ要素の色を個別に設定する方法は、次のとおりです。
◆グラフ要素を選択→《書式》タブ→《図形のスタイル》グループの《図形の塗りつぶし》

7 切り離し円の作成

円グラフの一部の扇型を切り離すことで、円グラフの中で特定のデータ要素を強調できます。
データ要素「**スマートフォン**」を切り離して、強調しましょう。

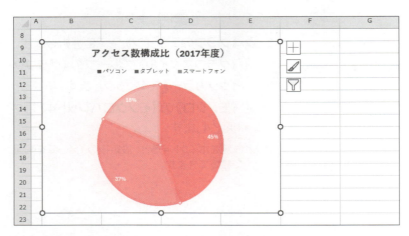

①円の部分をクリックします。
データ系列が選択されます。

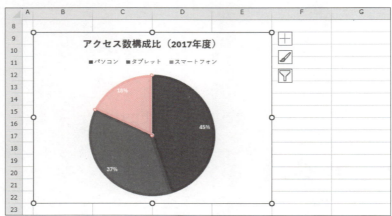

②図の扇型の部分をクリックします。
※ポップヒントに《系列1 要素"スマートフォン"…》と表示されることを確認してクリックしましょう。
データ要素「**スマートフォン**」が選択されます。

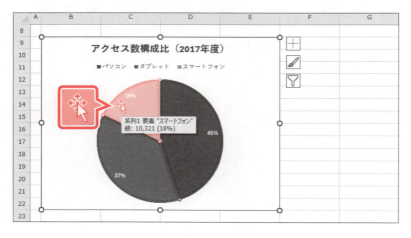

③図の扇形の部分をポイントします。
マウスポインターの形が に変わります。

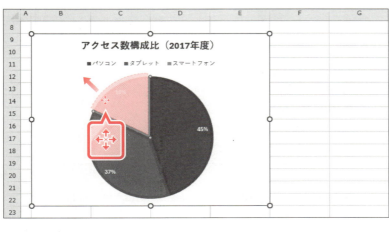

④図のように円の外側にドラッグします。ドラッグ中、マウスポインターの形が✥に変わります。

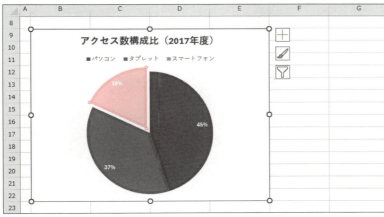

データ要素「**スマートフォン**」が切り離されます。

> **POINT　データ要素の選択**
>
> 円グラフの円の部分をクリックすると、データ系列が選択されます。続けて、円の中の扇型をクリックすると、データ系列の中のデータ要素がひとつだけ選択されます。

> **POINT　グラフの更新・印刷・削除**
>
> ●グラフの更新
> グラフは、もとになるセル範囲と連動しています。もとになるデータを変更すると、グラフも自動的に更新されます。
>
> ●グラフの印刷
> グラフを選択した状態で印刷を実行すると、グラフだけが用紙いっぱいに印刷されます。
> セルを選択した状態で印刷を実行すると、シート上の表とグラフが印刷されます。
>
> ●グラフの削除
> シート上に作成したグラフを削除するには、グラフを選択して Delete を押します。

ためしてみよう

① 2024年度の数値をもとに同様の円グラフを作成しましょう。
② グラフタイトルに「アクセス数構成比（2024年度）」と入力しましょう。
③ ①で作成したグラフをセル範囲【G9:J22】に配置しましょう。
④ グラフにグラフスタイル「スタイル8」を適用しましょう。
⑤ グラフの色を「モノクロパレット4」に変更しましょう。
⑥ データ要素「スマートフォン」を切り離して、強調しましょう。

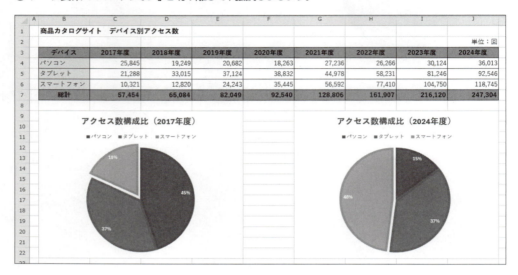

①
① セル範囲【B4:B6】を選択
② を押しながら、セル範囲【J4:J6】を選択
③《挿入》タブを選択
④《グラフ》グループの《円またはドーナツグラフの挿入》をクリック
⑤《2-D円》の《円》（左から1番目、上から1番目）をクリック

②
① グラフタイトルをクリック
② グラフタイトルを再度クリック
③「グラフタイトル」を削除し、「アクセス数構成比（2024年度）」と入力
④ グラフタイトル以外の場所をクリック

③
① グラフエリアをドラッグし、移動（目安：セル【G9】）
② グラフエリア右下の○（ハンドル）をドラッグし、サイズを変更（目安：セル【J22】）

④
① グラフを選択
②《グラフのデザイン》タブを選択
③《グラフスタイル》グループの をクリック
④《スタイル8》をクリック

⑤
① グラフを選択
②《グラフのデザイン》タブを選択
③《グラフスタイル》グループの《グラフクイックカラー》をクリック
④《モノクロ》の《モノクロパレット4》（上から4番目）をクリック

⑥
① 円の部分をクリック
②「スマートフォン」の部分をクリック
③ 円の外側にドラッグ

STEP 4 縦棒グラフを作成する

1 縦棒グラフの作成

「**縦棒グラフ**」は、データの大小関係を表現するときに使います。例えば、棒の長さを比較すれば、項目ごとの売上金額の大小が直感的にわかります。
縦棒グラフを作成しましょう。

1 セル範囲の選択

グラフを作成する場合、まず、グラフのもとになるセル範囲を選択します。
縦棒グラフの場合、次のように項目と数値が入力されたセル範囲を選択します。

●縦棒がひとつの場合

●縦棒が複数の場合

181

2 縦棒グラフの作成

表のデータをもとに、「デバイス別アクセス数の推移」を表す集合縦棒グラフを作成しましょう。

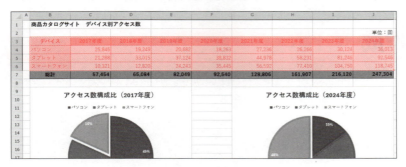

①セル範囲【B3:J6】を選択します。

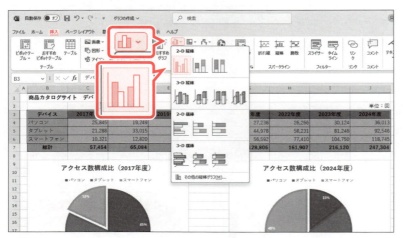

②《挿入》タブを選択します。
③《グラフ》グループの《縦棒/横棒グラフの挿入》をクリックします。
④《2-D縦棒》の《集合縦棒》をクリックします。

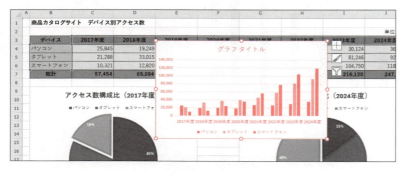

縦棒グラフが作成されます。

STEP UP　データ範囲の変更

作成したグラフのデータ範囲をあとから変更できます。
データ範囲を変更する方法は、次のとおりです。

◆グラフを選択→《グラフのデザイン》タブ→《データ》グループの《データの選択》→《グラフデータの範囲》が反転していることを確認→セル範囲を選択

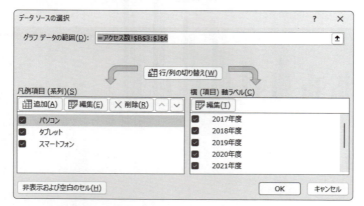

2 縦棒グラフの構成要素

縦棒グラフを構成する要素を確認しましょう。

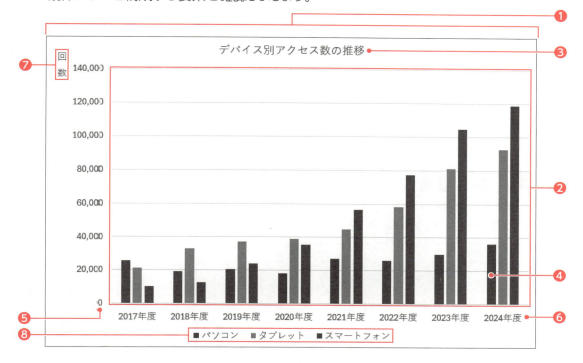

❶ グラフエリア
グラフ全体の領域です。グラフのタイトルや凡例などのすべての要素が含まれます。

❷ プロットエリア
縦棒グラフの領域です。

❸ グラフタイトル
グラフのタイトルです。

❹ データ系列
もとになる数値を視覚的に表す棒です。

❺ 値軸
データ系列の数値を表す軸です。

❻ 項目軸
データ系列の項目を表す軸です。

❼ 軸ラベル
軸を説明する文字列です。

❽ 凡例
データ系列に割り当てられた色を識別するための情報です。

183

3 グラフタイトルの入力

グラフタイトルに「**デバイス別アクセス数の推移**」と入力しましょう。

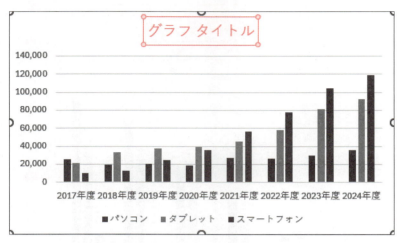

① グラフタイトルをクリックします。
グラフタイトルが選択されます。

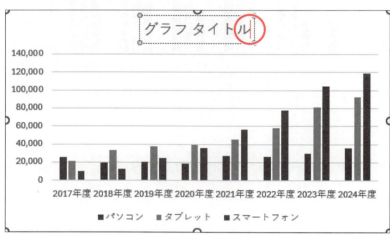

② グラフタイトルを再度クリックします。
グラフタイトルが編集状態になり、カーソルが表示されます。

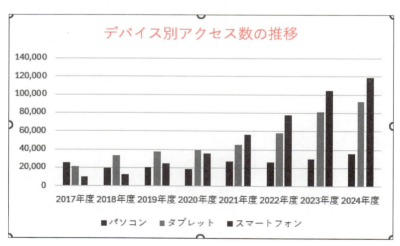

③ 「**グラフタイトル**」を削除し、「**デバイス別アクセス数の推移**」と入力します。
④ グラフタイトル以外の場所をクリックします。
グラフタイトルが確定されます。

4 グラフの場所の変更

シート上に作成したグラフを、グラフ専用の**「グラフシート」**に移動できます。グラフシートでは、シート全体にグラフが表示されます。データが入力されているシートとは別に、グラフを見やすく管理できます。
シート上の縦棒グラフをグラフシートに移動しましょう。

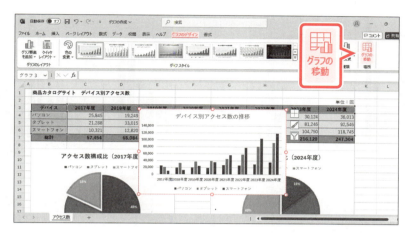

①縦棒グラフを選択します。
②**《グラフのデザイン》**タブを選択します。
③**《場所》**グループの**《グラフの移動》**をクリックします。

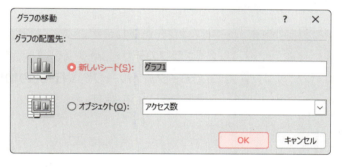

《グラフの移動》ダイアログボックスが表示されます。
④**《新しいシート》**を◉にします。
⑤**《OK》**をクリックします。

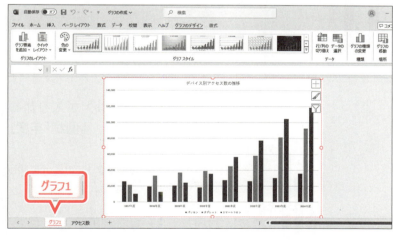

グラフシート**「グラフ1」**が挿入され、グラフの場所が移動します。

STEP UP その他の方法（グラフの場所の変更）

◆グラフエリアを右クリック→**《グラフの移動》**

STEP UP 埋め込みグラフ

シート上に作成されるグラフを「埋め込みグラフ」といいます。

185

5 グラフの項目とデータ系列の入れ替え

グラフの項目軸に表示される項目とデータ系列を入れ替えることができます。

●「年度」を項目軸にする

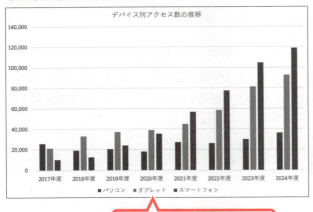

「デバイス」が凡例になる

●「デバイス」を項目軸にする

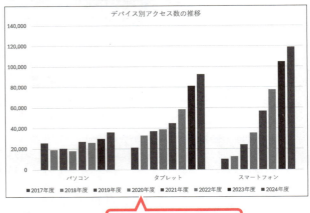

「年度」が凡例になる

グラフの項目とデータ系列を入れ替えてみましょう。

① グラフを選択します。
② 《グラフのデザイン》タブを選択します。
③ 《データ》グループの《行/列の切り替え》をクリックします。

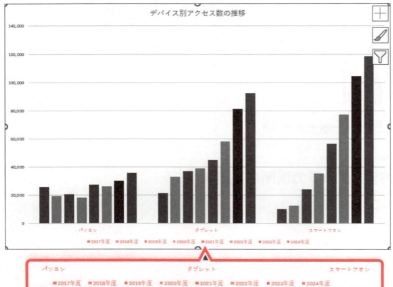

グラフの項目とデータ系列が入れ替わり、項目軸が「**デバイス**」、凡例が「**年度**」になります。

※《行/列の切り替え》を再度クリックし、元に戻しておきましょう。

6 グラフの種類の変更

グラフを作成したあとに、グラフの種類を変更できます。
年度ごとに全デバイスのアクセス数合計も比較できるように、グラフの種類を「**積み上げ縦棒**」に変更しましょう。

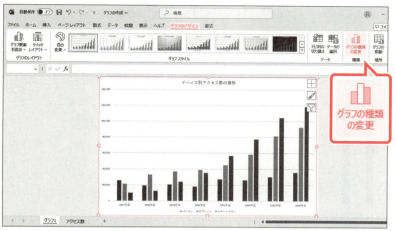

①グラフを選択します。
②《**グラフのデザイン**》タブを選択します。
③《**種類**》グループの《**グラフの種類の変更**》をクリックします。

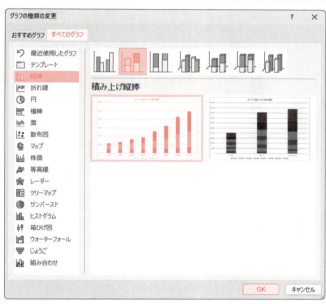

《**グラフの種類の変更**》ダイアログボックスが表示されます。
④《**すべてのグラフ**》タブを選択します。
⑤左側の一覧から《**縦棒**》が選択されていることを確認します。
⑥右側の一覧から《**積み上げ縦棒**》を選択します。
⑦《**積み上げ縦棒**》の図のグラフが選択されていることを確認します。
⑧《**OK**》をクリックします。

グラフの種類が変更されます。

STEP UP その他の方法（グラフの種類の変更）

◆グラフエリアを右クリック→《グラフの種類の変更》

7 グラフ要素の表示

グラフに、必要な情報が表示されていない場合は、グラフ要素を追加します。
値軸の軸ラベルを表示しましょう。

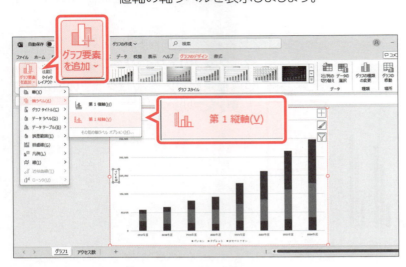

① グラフを選択します。
②《グラフのデザイン》タブを選択します。
③《グラフのレイアウト》グループの《グラフ要素を追加》をクリックします。
④《軸ラベル》をポイントします。
⑤《第1縦軸》をクリックします。

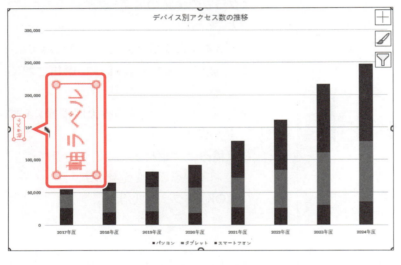

軸ラベルが表示されます。
⑥ 軸ラベルが選択されていることを確認します。

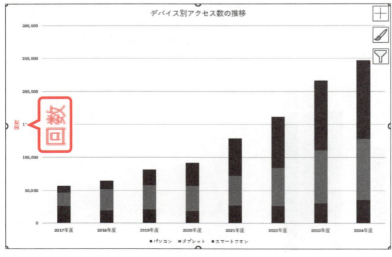

⑦ 軸ラベルをクリックします。
軸ラベルが編集状態になり、カーソルが表示されます。
⑧「軸ラベル」を削除し、「回数」と入力します。
⑨ 軸ラベル以外の場所をクリックします。
軸ラベルが確定されます。

STEP UP その他の方法（軸ラベルの表示）

◆グラフを選択→ショートカットツールの《グラフ要素》→《軸ラベル》→▶をクリック→《第1横軸》/《第1縦軸》

POINT グラフ要素の非表示

グラフ要素を非表示にする方法は、次のとおりです。

◆グラフを選択→《グラフのデザイン》タブ→《グラフのレイアウト》グループの《グラフ要素を追加》→グラフ要素名をポイント→一覧から非表示にするグラフ要素を選択／《なし》

STEP UP 区分線の表示

積み上げグラフに、同じ系列のデータをつなぐ「区分線」を表示できます。区分線を表示すると、データを比較しやすくなります。
区分線を表示する方法は、次のとおりです。

◆グラフを選択→《グラフのデザイン》タブ→《グラフのレイアウト》グループの《グラフ要素を追加》→《線》→《区分線》

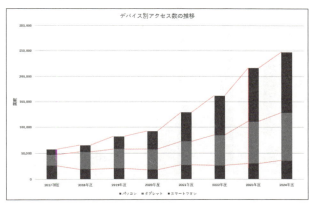

STEP UP グラフのレイアウトの設定

Excelのグラフには、表示されるグラフ要素やその配置が異なる「レイアウト」が用意されています。
レイアウトを使って、グラフ要素の表示や配置を設定する方法は、次のとおりです。

◆グラフを選択→《グラフのデザイン》タブ→《グラフのレイアウト》グループの《クイックレイアウト》

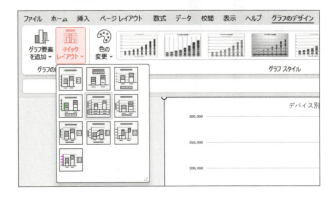

8 グラフ要素の書式設定

グラフの各要素に対して、個々に書式を設定できます。

1 軸ラベルの書式設定

値軸の軸ラベルを読みやすいように縦書きに変更し、移動しましょう。

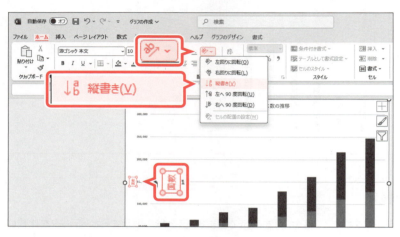

①軸ラベルをクリックします。
軸ラベルが選択されます。
②《ホーム》タブを選択します。
③《配置》グループの《方向》をクリックします。
④《縦書き》をクリックします。

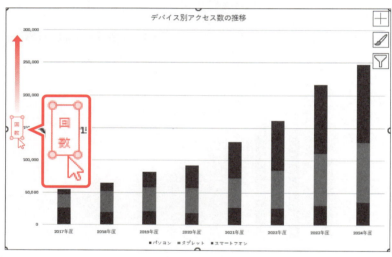

軸ラベルが縦書きに変更されます。
軸ラベルを移動します。
⑤軸ラベルが選択されていることを確認します。
⑥軸ラベルの枠線をポイントします。
マウスポインターの形が に変わります。

※軸ラベルの枠線内をポイントすると、マウスポインターの形が になり、文字列の選択になるので注意しましょう。

⑦図のように、軸ラベルの枠線をドラッグします。
ドラッグ中、マウスポインターの形が に変わります。

軸ラベルが移動します。

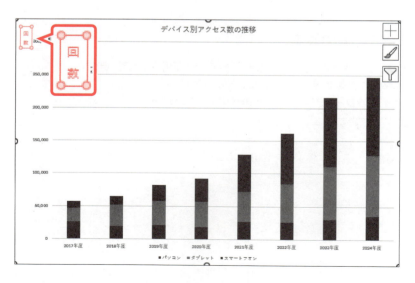

2 グラフエリアの書式設定

グラフエリアのフォントサイズを「14」に変更しましょう。
グラフエリアのフォントサイズを変更すると、グラフエリア内の凡例や軸ラベルなどのフォントサイズが変更されます。

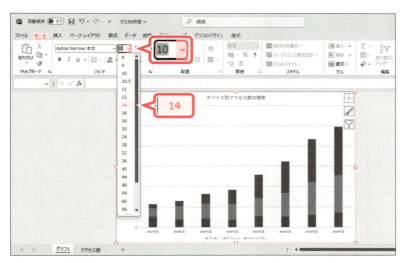

① グラフエリアをクリックします。
※ポップヒントに《グラフエリア》と表示されることを確認してクリックしましょう。
グラフエリアが選択されます。
②《ホーム》タブを選択します。
③《フォント》グループの《フォントサイズ》の▼をクリックします。
④《14》をクリックします。

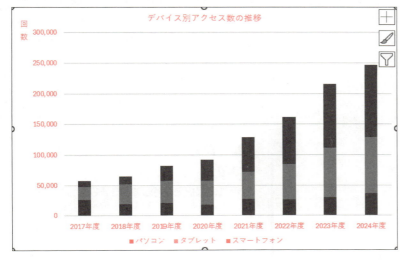

グラフエリアのフォントサイズが変更されます。

Let's Try ためしてみよう

グラフタイトルのフォントサイズを「18」に変更しましょう。

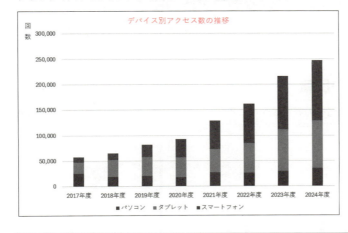

① グラフタイトルをクリック
②《ホーム》タブを選択
③《フォント》グループの《フォントサイズ》の▼をクリック
④《18》をクリック

3 値軸の書式設定

値軸の目盛間隔を「20,000」に変更しましょう。

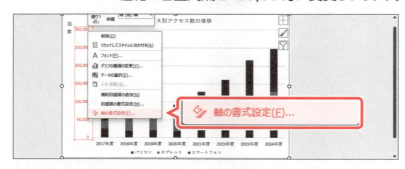

① 値軸を右クリックします。
② 《軸の書式設定》をクリックします。

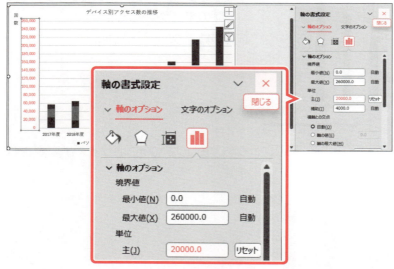

《軸の書式設定》作業ウィンドウが表示されます。

③ 《軸のオプション》をクリックします。
④ をクリックします。
⑤ 《軸のオプション》の詳細が表示されていることを確認します。

※表示されていない場合は、《軸のオプション》をクリックします。

⑥ 《単位》の《主》に「20000」と入力します。
⑦ [Enter]を押します。
※「20000.0」と表示されます。
目盛間隔が20,000になります。
⑧ 《閉じる》をクリックします。

《軸の書式設定》作業ウィンドウが閉じられます。
※値軸の選択を解除しておきましょう。

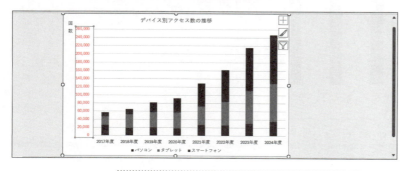

STEP UP その他の方法（グラフ要素の書式設定）

◆ グラフ要素を選択→《書式》タブ→《現在の選択範囲》グループの《選択対象の書式設定》
◆ グラフ要素をダブルクリック

STEP UP 軸の反転

項目軸に表示される項目名の表示順を逆にするには、《軸の書式設定》作業ウィンドウを使って軸を反転します。

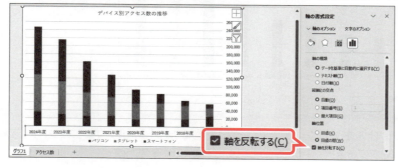

9 グラフフィルターの利用

「**グラフフィルター**」を使うと、作成したグラフのデータを絞り込んで表示できます。条件に合わないデータは一時的に非表示になります。
グラフに2020年度以降のデータだけを表示しましょう。

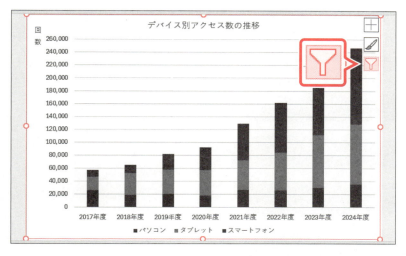

①グラフを選択します。
②ショートカットツールの《**グラフフィルター**》をクリックします。

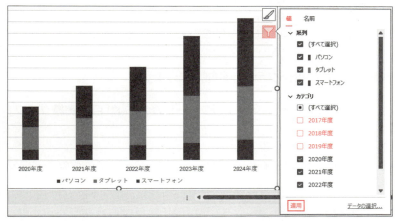

③《**値**》をクリックします。
④《**カテゴリ**》の「**2017年度**」「**2018年度**」「**2019年度**」を □ にします。
⑤《**適用**》をクリックします。
⑥《**グラフフィルター**》をクリックします。
※ Esc を押してもかまいません。

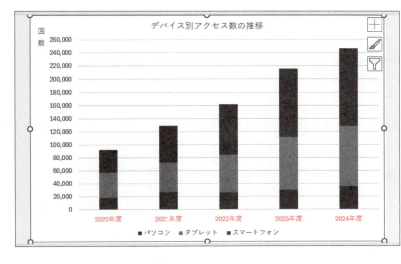

グラフに2020年度以降のデータだけが表示されます。
※ブックに「グラフの作成完成」と名前を付けて、フォルダー「第7章」に保存し、閉じておきましょう。

練習問題

あなたは、販売推進部で展示会の担当をしており、来場者数を報告する資料を作成することになりました。
完成図のようなグラフを作成しましょう。

●完成図

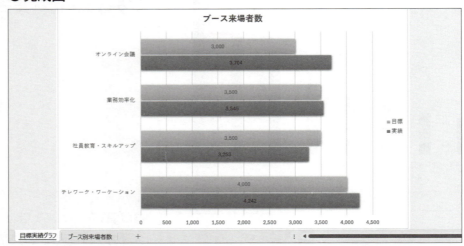

① セル範囲【B4:D13】をもとに、集合横棒グラフを作成しましょう。

② 作成したグラフをグラフシートに移動しましょう。グラフシートの名前は「**目標実績グラフ**」にします。

(HINT) グラフシートの名前は、《グラフの移動》ダイアログボックスの《新しいシート》の右側のボックスで変更します。

③ グラフタイトルに「**ブース来場者数**」と入力しましょう。

④ グラフにグラフスタイル「**スタイル12**」を適用しましょう。

⑤ グラフの色を「**カラフルなパレット3**」に変更しましょう。

⑥ 凡例を右に配置しましょう。

(HINT) 凡例の配置を設定するには、《グラフのデザイン》タブ→《グラフのレイアウト》グループの《グラフ要素を追加》を使います。

⑦ データラベルを表示しましょう。データラベルの位置は中央にします。

⑧ グラフエリアのフォントサイズを「**12**」、グラフタイトルのフォントサイズを「**18**」に変更しましょう。

⑨ 「テレワーク・ワーケーション」「社員教育・スキルアップ」「業務効率化」「オンライン会議」のデータをグラフに表示し、それ以外のデータは非表示にしましょう。

※ブックに「第7章練習問題完成」と名前を付けて、フォルダー「第7章」に保存し、閉じておきましょう。

第 **8** 章

データベースの利用

この章で学ぶこと	196
STEP 1 操作するデータベースを確認する	197
STEP 2 データベース機能の概要	199
STEP 3 表をテーブルに変換する	201
STEP 4 データを並べ替える	206
STEP 5 データを抽出する	213
STEP 6 データベースを効率的に操作する	222
練習問題	230

この章で学ぶこと

学習前に習得すべきポイントを理解しておき、
学習後には確実に習得できたかどうかを振り返りましょう。

- ■ データベース機能を利用するときの表の構成や、表を作成するときの注意点を説明できる。　→ P.199
- ■ 表をテーブルに変換できる。　→ P.202
- ■ テーブルにスタイルを適用できる。　→ P.204
- ■ 数値や文字列を条件に指定して、データを並べ替えることができる。　→ P.206
- ■ 複数の条件を組み合わせて、データを並べ替えることができる。　→ P.210
- ■ セルに設定されている色を条件に指定して、データを並べ替えることができる。　→ P.212
- ■ 条件を指定して、データベースからデータを抽出できる。　→ P.213
- ■ セルに設定されている色を条件に指定して、データベースからデータを抽出できる。　→ P.216
- ■ 詳細な条件を指定して、データベースからデータを抽出できる。　→ P.217
- ■ テーブルに集計行を追加できる。　→ P.221
- ■ 大きな表で常に見出しが表示されるように、表の一部を固定できる。　→ P.222
- ■ セルに設定された書式だけを、ほかのセルにコピーできる。　→ P.224
- ■ 入力操作を軽減する機能を使って、表に繰り返し同じデータを入力できる。　→ P.224
- ■ フラッシュフィルを使って、同じ入力パターンのデータをほかのセルにまとめて入力できる。　→ P.228

STEP 1 操作するデータベースを確認する

1 操作するデータベースの確認

次のように、データベースを操作しましょう。

No.	開催日	講座名	区分	定員	受講者数	受講率	受講費	金額
1	2025/1/6	経営者のための経営分析講座	経営	30	33	110.0%	¥20,000	¥660,000
22	2025/3/20	経営者のための経営分析講座	経営	30	30	100.0%	¥20,000	¥600,000
17	2025/3/6	Excelではじめるマーケティング講座	経営	30	28	93.3%	¥18,000	¥504,000
2	2025/1/10	Excelではじめるマーケティング講座	経営	30	25	83.3%	¥18,000	¥450,000
25	2025/3/27	人材戦略講座	経営	30	25	83.3%	¥18,000	¥450,000
6	2025/1/24	人材戦略講座	経営	30	24	80.0%	¥18,000	¥432,000
20	2025/3/14	個人投資家のための株式投資講座	投資	50	41	82.0%	¥10,000	¥410,000
13	2025/2/24	個人投資家のための株式投資講座	投資	50	36	72.0%	¥10,000	¥360,000
14	2025/2/26	個人投資家のための不動産投資講座	投資	50	44	88.0%	¥6,000	¥264,000
21	2025/3/17	これからはじめる資産運用講座	投資	50	44	88.0%	¥6,000	¥264,000
10	2025/2/13	これからはじめる資産運用講座	投資	50	42	84.0%	¥6,000	¥252,000
4	2025/1/16	これからはじめる資産運用講座	投資	50	40	80.0%	¥6,000	¥240,000
12	2025/2/21	個人投資家のための為替投資講座	投資	50	30	60.0%	¥8,000	¥240,000
3	2025/1/13	これからはじめるオンライン株取引講座	投資	50	55	110.0%	¥4,000	¥220,000
23	2025/3/21	個人投資家のための不動産投資講座	投資	50	36	72.0%	¥6,000	¥216,000
18	2025/3/10	個人投資家のための為替投資講座	投資	50	26	52.0%	¥8,000	¥208,000
19	2025/3/13	これからはじめるオンライン株取引講座	投資	50	51	102.0%	¥4,000	¥204,000
9	2025/2/12	これからはじめるオンライン株取引講座	投資	50	50	100.0%	¥4,000	¥200,000
15	2025/2/27	自己分析・自己表現講座	就職	40	36	90.0%	¥2,000	¥72,000
7	2025/1/27	自己分析・自己表現講座	就職	40	34	85.0%	¥2,000	¥68,000
24	2025/3/24	就活生のための一般教養攻略講座	就職	40	33	82.5%	¥2,000	¥66,000
8	2025/1/30	転職必勝ガイド！面接試験突破講座	就職	20	20	100.0%	¥3,000	¥60,000
26	2025/3/31	自己分析・自己表現講座	就職	40	30	75.0%	¥2,000	¥60,000
16	2025/3/3	転職必勝ガイド！面接試験突破講座	就職	20	19	95.0%	¥3,000	¥57,000
5	2025/1/20	就活生のための一般教養攻略講座	就職	40	25	62.5%	¥2,000	¥50,000
11	2025/2/19	就活生のための一般教養攻略講座	就職	40	23	57.5%	¥2,000	¥46,000

テーブルに変換
テーブルスタイルの適用

「金額」が高い順に並べ替え

ビジネス講座開催状況（2025年1月～3月）

No.	開催日	講座名	区分	定員	受講者数	受講率	受講費	金額
1	2025/1/6	経営者のための経営分析講座	経営	30	33	110.0%	¥20,000	¥660,000
3	2025/1/13	これからはじめるオンライン株取引講座	投資	50	55	110.0%	¥4,000	¥220,000
19	2025/3/13	これからはじめるオンライン株取引講座	投資	50	51	102.0%	¥4,000	¥204,000
2	2025/1/10	Excelではじめるマーケティング講座	経営	30	25	83.3%	¥18,000	¥450,000
4	2025/1/16	これからはじめる資産運用講座	投資	50	40	80.0%	¥6,000	¥240,000
5	2025/1/20	就活生のための一般教養攻略講座	就職	40	25	62.5%	¥2,000	¥50,000
6	2025/1/24	人材戦略講座	経営	30	24	80.0%	¥18,000	¥432,000
7	2025/1/27	自己分析・自己表現講座	就職	40	34	85.0%	¥2,000	¥68,000
8	2025/1/30	転職必勝ガイド！面接試験突破講座	就職	20	20	100.0%	¥3,000	¥60,000
9	2025/2/12	これからはじめるオンライン株取引講座	投資	50	50	100.0%	¥4,000	¥200,000
10	2025/2/13	これからはじめる資産運用講座	投資	50	42	84.0%	¥6,000	¥252,000
11	2025/2/19	就活生のための一般教養攻略講座	就職	40	23	57.5%	¥2,000	¥46,000
12	2025/2/21	個人投資家のための為替投資講座	投資	50	30	60.0%	¥8,000	¥240,000
13	2025/2/24	個人投資家のための株式投資講座	投資	50	36	72.0%	¥10,000	¥360,000
14	2025/2/26	個人投資家のための不動産投資講座	投資	50	44	88.0%	¥6,000	¥264,000
15	2025/2/27	自己分析・自己表現講座	就職	40	36	90.0%	¥2,000	¥72,000
16	2025/3/3	転職必勝ガイド！面接試験突破講座	就職	20	19	95.0%	¥3,000	¥57,000
17	2025/3/6	Excelではじめるマーケティング講座	経営	30	28	93.3%	¥18,000	¥504,000
18	2025/3/10	個人投資家のための為替投資講座	投資	50	26	52.0%	¥8,000	¥208,000
20	2025/3/14	個人投資家のための株式投資講座	投資	50	41	82.0%	¥10,000	¥410,000
21	2025/3/17	これからはじめる資産運用講座	投資	50	44	88.0%	¥6,000	¥264,000
22	2025/3/20	経営者のための経営分析講座	経営	30	30	100.0%	¥20,000	¥600,000
23	2025/3/21	個人投資家のための不動産投資講座	投資	50	36	72.0%	¥6,000	¥216,000
24	2025/3/24	就活生のための一般教養攻略講座	就職	40	33	82.5%	¥2,000	¥66,000
25	2025/3/27	人材戦略講座	経営	30	25	83.3%	¥18,000	¥450,000
26	2025/3/31	自己分析・自己表現講座	就職	40	30	75.0%	¥2,000	¥60,000

セルがオレンジ色のデータを上部に表示

第8章 データベースの利用

「区分」が「経営」または「投資」で、
さらに「開催日」が「3月」のデータを抽出

セルがオレンジ色のデータを抽出

「金額」が高い上位5件のデータを抽出

集計行を表示

1～3行目の
見出しを固定

書式のコピー/貼り付け
オートコンプリートを使った入力
ドロップダウンリストを使った入力
数式の自動入力

フラッシュフィルを使った入力

STEP2 データベース機能の概要

1 データベース機能

住所録や社員名簿、商品台帳、売上台帳などのように関連するデータをまとめたものを「**データベース**」といいます。このデータベースを管理・運用する機能が「**データベース機能**」です。
データベース機能を使うと、大量のデータを効率よく管理できます。
データベース機能には、主に次のようなものがあります。

●並べ替え
指定した基準に従って、データを並べ替えます。

●フィルター
データベースから条件を満たすデータだけを抽出します。

2 データベース用の表

データベース機能を利用するには、表を「**フィールド**」と「**レコード**」から構成されるデータベースにする必要があります。

1 表の構成

データベース用の表では、1件分のデータを横1行で管理します。

No.	開催日	講座名	区分	定員	受講者数	受講率	受講費	金額
1	2025/1/6	経営者のための経営分析講座	経営	30	33	110.0%	¥20,000	¥660,000
2	2025/1/10	Excelではじめるマーケティング講座	経営	30	25	83.3%	¥18,000	¥450,000
3	2025/1/13	これからはじめるオンライン株取引講座	投資	50	55	110.0%	¥4,000	¥220,000
4	2025/1/16	これからはじめる資産運用講座	投資	50	40	80.0%	¥6,000	¥240,000
5	2025/1/20	就活生のための一般教養攻略講座	就職	40	25	62.5%	¥2,000	¥50,000
6	2025/1/24	人材戦略講座	経営	30	24	80.0%	¥18,000	¥432,000
7	2025/1/27	自己分析・自己表現講座	就職	40	34	85.0%	¥2,000	¥68,000
8	2025/1/30	転職必勝ガイド！面接試験突破講座	就職	20	20	100.0%	¥3,000	¥60,000
9	2025/2/12	これからはじめるオンライン株取引講座	投資	50	50	100.0%	¥4,000	¥200,000
10	2025/2/13	これからはじめる資産運用講座	投資	50	42	84.0%	¥6,000	¥252,000
11	2025/2/19	就活生のための一般教養攻略講座	就職	40	23	57.5%	¥2,000	¥46,000
12	2025/2/21	個人投資家のための為替投資講座	投資	50	30	60.0%	¥8,000	¥240,000
13	2025/2/24	個人投資家のための株式投資講座	投資	50	36	72.0%	¥10,000	¥360,000
14	2025/2/26	個人投資家のための不動産投資講座	投資	50	44	88.0%	¥6,000	¥264,000
15	2025/2/27	自己分析・自己表現講座	就職	40	36	90.0%	¥2,000	¥72,000
16	2025/3/3	転職必勝ガイド！面接試験突破講座	就職	20	19	95.0%	¥3,000	¥57,000
17	2025/3/6	Excelではじめるマーケティング講座	経営	30	28	93.3%	¥18,000	¥504,000
18	2025/3/10	個人投資家のための為替投資講座	投資	50	26	52.0%	¥8,000	¥208,000

❶列見出し（フィールド名）
データを分類する項目名です。列見出しを必ず設定し、レコード部分と異なる書式にします。

❷フィールド
列単位のデータです。列見出しに対応した同じ種類のデータを入力します。

❸レコード
行単位のデータです。1件分のデータを入力します。

2 表作成時の注意点

データベース用の表を作成するときには、次のような点に注意します。

❶ 表に隣接するセルには、データを入力しない
データベースのセル範囲を自動的に認識させるには、表に隣接するセルを空白にしておきます。セル範囲を手動で選択する手間が省けるので、効率的に操作できます。

❷ 1枚のシートにひとつの表を作成する
1枚のシートに複数の表が作成されている場合、一方の抽出結果が、もう一方に影響することがあります。できるだけ、1枚のシートにひとつの表を作成するようにしましょう。

❸ 先頭行は列見出しにする
表の先頭行には、必ず列見出しを入力します。列見出しをもとに、並べ替えやフィルターが実行されます。レコードと異なる書式を設定するとよいでしょう。

❹ フィールドには同じ種類のデータを入力する
それぞれのフィールドには、同じ種類のデータを入力します。文字列と数値を混在させないようにしましょう。

❺ 1件分のデータは横1行で入力する
1件分のデータを横1行に入力します。複数行に分けて入力すると、意図したとおりに並べ替えやフィルターが行われません。

❻ セルの先頭に余分な空白は入力しない
セルの先頭に余分な空白を入力してはいけません。余分な空白が入力されていると、意図したとおりに並べ替えやフィルターが行われません。

STEP UP インデント

セルの先頭を字下げする場合、空白を入力せずに「インデント」を設定します。インデントを設定しても、実際のデータは変わらないので、並べ替えやフィルターに影響しません。
インデントを設定するには、セルを選択し、《ホーム》タブ→《配置》グループの《インデントを増やす》を使います。

《インデントを増やす》

STEP 3 表をテーブルに変換する

1 テーブル

表を「**テーブル**」に変換すると、書式設定やデータベース管理が簡単に行えるようになります。
テーブル には、次のような特長があります。

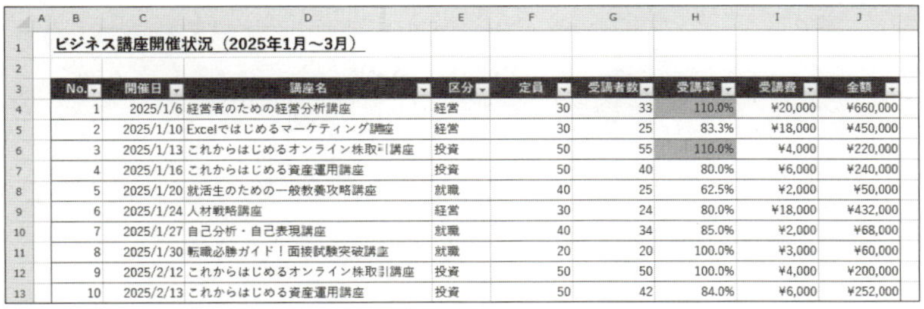

●**テーブルスタイルが適用される**
Excelに用意されているテーブルスタイルが適用され、表全体の見栄えを簡単に整えることができます。

●**フィルターモードになる**
フィルターモードになり、先頭行に▼が表示されます。
▼をクリックし、一覧からフィルターや並べ替えを実行できます。

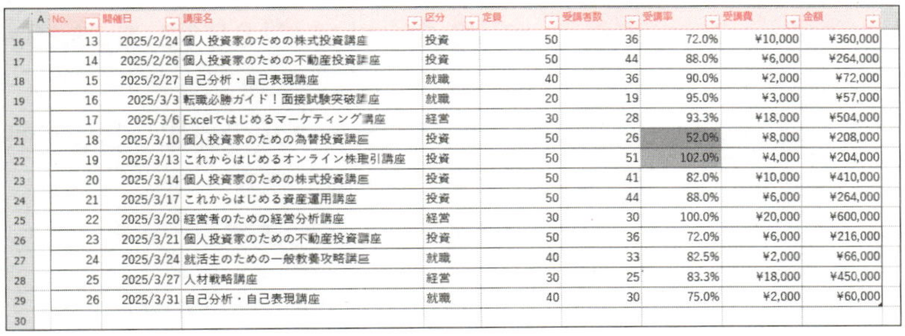

●**列番号が列見出しに置き換わる**
シートをスクロールすると、列番号が列見出しに置き換わります。
列見出しには▼が表示されるので、スクロールした状態でもフィルターや並べ替えを実行できます。

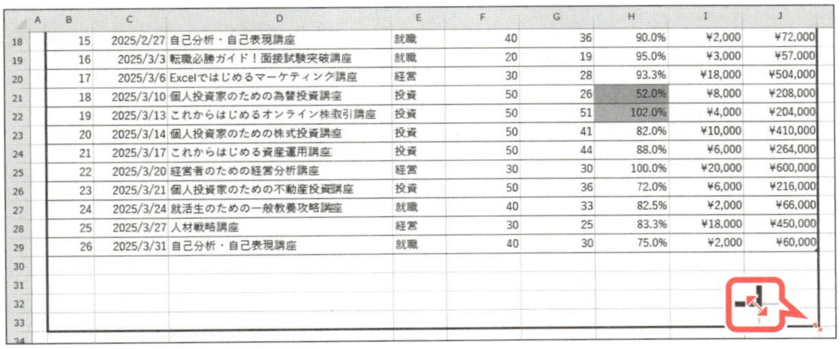

●**簡単にサイズが変更できる**
テーブル右下の ◢ (サイズ変更ハンドル) をドラッグして、テーブル範囲を簡単に変更できます。

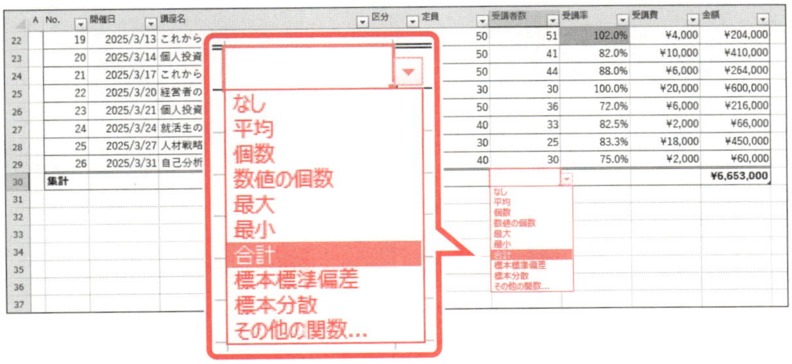

●**集計行を表示できる**
集計行を表示して、合計や平均などの集計ができます。

201

2 テーブルへの変換

OPEN データベースの利用-1

テーブルに変換すると、自動的に「**テーブルスタイル**」が適用されます。テーブルスタイルは罫線や塗りつぶしの色などの書式を組み合わせたもので、表全体の見栄えを整えます。
表をテーブルに変換しましょう。

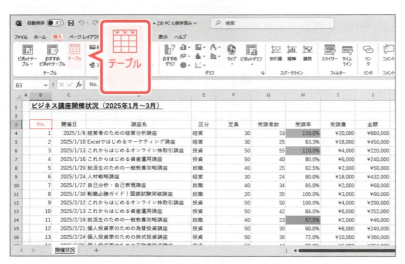

①セル【B3】をクリックします。
※表内のセルであれば、どこでもかまいません。
②《挿入》タブを選択します。
③《テーブル》グループの《テーブル》をクリックします。

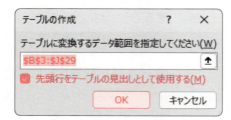

《テーブルの作成》ダイアログボックスが表示されます。
④《テーブルに変換するデータ範囲を指定してください》が「$B$3:$J$29」になっていることを確認します。
⑤《先頭行をテーブルの見出しとして使用する》を☑にします。
⑥《OK》をクリックします。

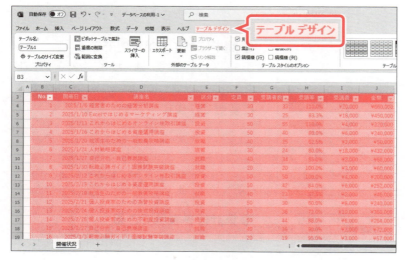

セル範囲がテーブルに変換され、テーブルスタイルが適用されます。
リボンに《テーブルデザイン》タブが表示されます。

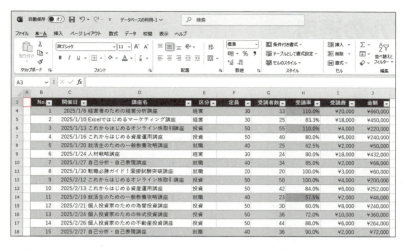

⑦テーブル以外のセルをクリックします。
テーブルの選択が解除されます。

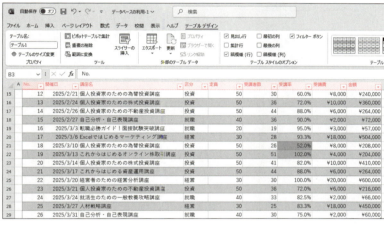

⑧セル【B3】をクリックします。
※テーブル内のセルであれば、どこでもかまいません。
⑨シートを下方向にスクロールし、列番号が列見出しに置き換わって、▼が表示されていることを確認します。

STEP UP　その他の方法（テーブルへの変換）

◆ Ctrl + T

POINT　通常のセル範囲への変換

テーブルを、通常のセル範囲に戻す方法は、次のとおりです。
◆テーブル内のセルを選択→《テーブルデザイン》タブ→《ツール》グループの《範囲に変換》
※セル範囲に変換しても、テーブルスタイルの書式は残ります。

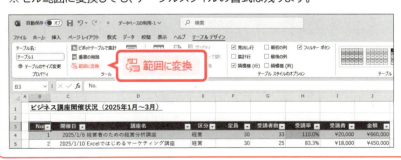

3 テーブルスタイルの適用

テーブルに適用されているテーブルスタイルを「**濃い青緑,テーブルスタイル(淡色)9**」に変更しましょう。

①セル【B3】をクリックします。
※テーブル内のセルであれば、どこでもかまいません。

②《テーブルデザイン》タブを選択します。
③《テーブルスタイル》グループの ▽ をクリックします。

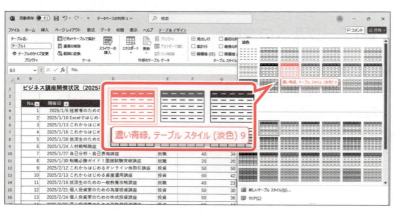

④《淡色》の《濃い青緑,テーブルスタイル(淡色)9》をクリックします。
※一覧をポイントすると、設定後のイメージを画面で確認できます。

テーブルスタイルが変更されます。

STEP UP その他の方法（テーブルスタイルの適用）

◆テーブル内のセルを選択→《ホーム》タブ→《スタイル》グループの《テーブルとして書式設定》

> **POINT** **テーブルスタイルのクリア**
>
> もとになるセル範囲に書式を設定していると、ユーザーが設定した書式とテーブルスタイルの書式が重なって、見栄えが悪くなることがあります。
> ユーザーが設定した書式を優先し、テーブルスタイルを適用しない場合は、テーブル変換後にテーブル内のセルを選択→《テーブルデザイン》タブ→《テーブルスタイル》グループの ▽ →《クリア》を選択します。

> **POINT** **テーブルスタイルのオプション**
>
> ☑ 見出し行　☐ 最初の列　☑ フィルター ボタン
> ☐ 集計行　☐ 最後の列
> ☑ 縞模様（行）　☐ 縞模様（列）
> テーブル スタイルのオプション
>
> 《テーブルデザイン》タブの《テーブルスタイルのオプション》グループで、テーブルに表示する列や行、模様などを設定できます。

STEP UP テーブルの利用

テーブルを利用すると、レコードを追加したときに自動的にテーブルスタイルが適用されたり、テーブル用の数式が入力されたりします。

❶レコードの追加
テーブルの最終行にレコードを追加すると、自動的にテーブル範囲が拡大され、テーブルスタイルが適用されます。

❷列見出しの追加
テーブルに列見出しを追加すると、自動的にテーブル範囲が拡大され、テーブルスタイルが適用されます。

❸数式の入力
数式を入力するときに、テーブル内のセルを選択して参照すると、「@」のうしろに列見出しが自動的に入力されます。この参照を「構造化参照」といいます。また、テーブル内のセルに数式を入力すると、自動的にそのフィールド全体に数式がコピーされます。
例えば、セル【H4】にセルを参照して「=G4－F4」と入力すると、フィールド全体に数式「＝［@受講者数］－［@定員］」が入力されます。
※セルをクリックしてセル位置を入力した場合、テーブル用の数式になります。セル位置を手入力した場合は、通常の数式になります。

205

STEP 4 データを並べ替える

1 並べ替え

「並べ替え」を使うと、指定したキー（基準）に従って、レコードを並べ替えることができます。
並べ替えの順序には、「昇順」と「降順」があります。

●昇順

データ	順序
数値	0→9
英字	A→Z
日付	古→新
かな	あ→ん
JISコード	小→大

●降順

データ	順序
数値	9→0
英字	Z→A
日付	新→古
かな	ん→あ
JISコード	大→小

※空白セルは、昇順でも降順でも表の末尾に並びます。

2 昇順・降順で並べ替え

キーを指定して、テーブルのデータを並べ替えましょう。

1 数値の並べ替え

並べ替えのキーがひとつの場合には、テーブルの列見出しの▼を使うと簡単です。
「金額」が高い順に並べ替えましょう。

①「金額」の▼をクリックします。

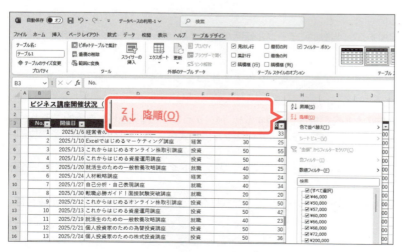

②《降順》をクリックします。

「**金額**」が高い順に並び替わります。

※▼に「↓」が表示されます。

「No.」の昇順に並べ替えます。

③「No.」の▼をクリックします。

④《昇順》をクリックします。

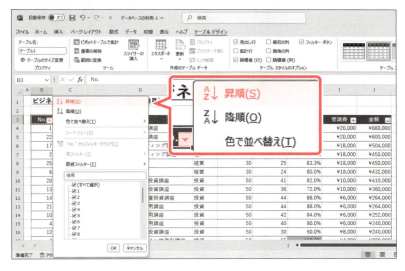

「No.」の昇順に並び替わります。

STEP UP その他の方法（昇順・降順で並べ替え）

◆ キーとなるセルを選択→《データ》タブ→《並べ替えとフィルター》グループの《昇順》/《降順》

◆ キーとなるセルを選択→《ホーム》タブ→《編集》グループの《並べ替えとフィルター》→《昇順》/《降順》

◆ キーとなるセルを右クリック→《並べ替え》→《昇順》/《降順》

STEP UP 表を元の順序に戻す

並べ替えを実行したあと、表を元の順序に戻す可能性がある場合、連番を入力したフィールドを事前に用意しておきます。また、並べ替えを実行した直後であれば、クイックアクセスツールバーの《元に戻す》で元に戻ります。

POINT 表の並べ替え

テーブルに変換していない表でも、データを並べ替えることができます。
テーブルに変換していない表を並べ替えるには、並べ替えのキーとなる表内のセルを選択してから、《データ》タブ→《並べ替えとフィルター》グループの《昇順》または《降順》をクリックします。

《昇順》《降順》

例：金額の高い順に並べ替える

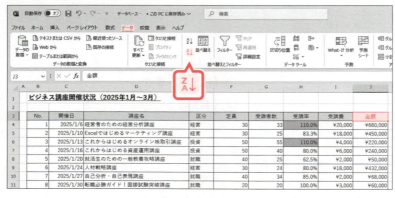

並べ替えのキーとなるセルを選択
① セル【J3】をクリック
※表内のJ列のセルであれば、どこでもかまいません。
②《データ》タブを選択
③《並べ替えとフィルター》グループの《降順》をクリック

「金額」の高い順に並び替わる

2 日本語の並べ替え

漢字やひらがな、カタカナなどの日本語のフィールドをキーに昇順で並べ替えると、五十音順になります。漢字を入力すると、ふりがな情報も一緒にセルに格納されます。漢字は、そのふりがな情報をもとに並び替わります。

「講座名」を五十音順（あ→ん）に並べ替えましょう。

①「講座名」の▼をクリックします。

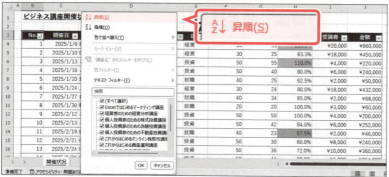

②《昇順》をクリックします。

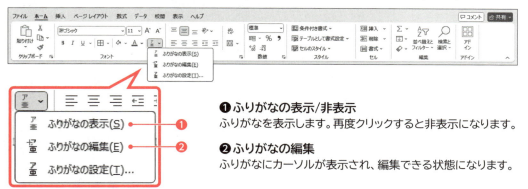

「**講座名**」が五十音順に並び替わります。

※英数字と日本語が混在している場合は、数字、英字、日本語の順に並び替わります。
※「No.」の昇順に並べ替えておきましょう。

STEP UP ふりがなの表示と編集

漢字が入力されているセルは、ふりがな情報をもとに並び替わります。ふりがな情報を表示したり編集したりするには、セルを選択して、《ホーム》タブ→《フォント》グループの《ふりがなの表示/非表示》を使います。

❶ **ふりがなの表示/非表示**
ふりがなを表示します。再度クリックすると非表示になります。

❷ **ふりがなの編集**
ふりがなにカーソルが表示され、編集できる状態になります。

STEP UP ふりがなの設定

ふりがなの種類や配置、フォントやフォントサイズなどを設定するには、《ふりがなの設定》ダイアログボックスを使います。
《ふりがなの設定》ダイアログボックスを表示する方法は、次のとおりです。
◆《ホーム》タブ→《フォント》グループの《ふりがなの表示/非表示》の▼→《ふりがなの設定》

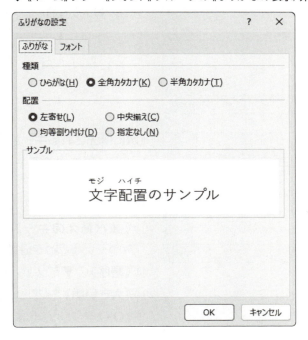

209

3 複数キーによる並べ替え

複数のキーで並べ替えるには、《並べ替え》ダイアログボックスを使います。
「定員」が多い順に並べ替え、「定員」が同じ場合は「受講者数」が多い順に並べ替えましょう。

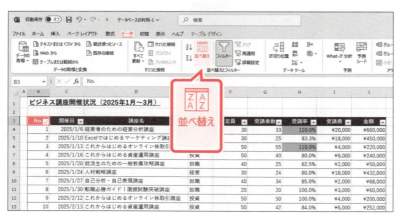

①セル【B3】をクリックします。
※テーブル内のセルであれば、どこでもかまいません。
②《データ》タブを選択します。
③《並べ替えとフィルター》グループの《並べ替え》をクリックします。

《並べ替え》ダイアログボックスが表示されます。
1番目に優先されるキーを設定します。
④《最優先されるキー》の《列》の▼をクリックします。
⑤「定員」をクリックします。
⑥《並べ替えのキー》が《セルの値》になっていることを確認します。
⑦《順序》の▼をクリックします。
⑧《大きい順》をクリックします。

2番目に優先されるキーを設定します。
⑨《レベルの追加》をクリックします。

《次に優先されるキー》が表示されます。
⑩《次に優先されるキー》の《列》の▼をクリックします。
⑪「受講者数」をクリックします。
⑫《並べ替えのキー》が《セルの値》になっていることを確認します。
⑬《順序》の▼をクリックします。
⑭《大きい順》をクリックします。
⑮《OK》をクリックします。

「定員」が多い順に並び替わり、「定員」が同じ場合は「受講者数」が多い順に並び替わります。

※「No.」の昇順に並べ替えておきましょう。

> **POINT** 並べ替えのキー
> 1回の並べ替えで指定できるキーは、最大64レベルです。

STEP UP その他の方法（複数キーによる並べ替え）

◆テーブルまたは表内のセルを選択→《ホーム》タブ→《編集》グループの《並べ替えとフィルター》→《ユーザー設定の並べ替え》

◆テーブルまたは表内のセルを右クリック→《並べ替え》→《ユーザー設定の並べ替え》

Let's Try ためしてみよう

「区分」を昇順で並べ替え、「区分」が同じ場合は「金額」が低い順に並べ替えましょう。

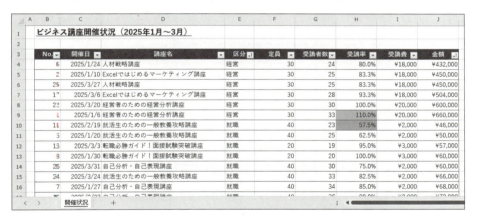

Let's Try Answer

① セル【B3】をクリック
※テーブル内のセルであれば、どこでもかまいません。
②《データ》タブを選択
③《並べ替えとフィルター》グループの《並べ替え》をクリック
④《最優先されるキー》の《列》の▼をクリック
⑤「区分」をクリック
⑥《並べ替えのキー》が《セルの値》になっていることを確認
⑦《順序》が《昇順》になっていることを確認
⑧《レベルの追加》をクリック
⑨《次に優先されるキー》の《列》の▼をクリック
⑩「金額」をクリック
⑪《並べ替えのキー》が《セルの値》になっていることを確認
⑫《順序》が《小さい順》になっていることを確認
⑬《OK》をクリック

※「No.」の昇順に並べ替えておきましょう。

4 色で並べ替え

セルにフォントの色や塗りつぶしの色が設定されている場合、その色をキーにデータを並べ替えることができます。
「受講率」が100%より大きいセルは、オレンジ色で塗りつぶされています。
「受講率」のセルがオレンジ色のレコードを表の上部に表示しましょう。

① 「受講率」の▼をクリックします。

② 《色で並べ替え》をポイントします。
③ 《セルの色で並べ替え》のオレンジ色をクリックします。

セルがオレンジ色のレコードが表の上部に表示されます。
※「No.」の昇順に並べ替えておきましょう。

STEP UP　その他の方法（セルの色で並べ替え）

◆《データ》タブ→《並べ替えとフィルター》グループの《並べ替え》→《最優先されるキー》を指定→《並べ替えのキー》を《セルの色》に設定→《順序》の▼→色を設定
◆キーとなるセルを右クリック→《並べ替え》→《選択したセルの色を上に表示》

STEP UP　色のセルを下部に並べ替える

フォントの色や塗りつぶしの色が設定されているセルを、表の下部に並べ替える方法は次のとおりです。
◆《データ》タブ→《並べ替えとフィルター》グループの《並べ替え》→《最優先されるキー》を指定→《並べ替えのキー》を《フォントの色》または《セルの色》に設定→《順序》の▼→色を設定→《下》

STEP 5 データを抽出する

1 フィルター

「フィルター」を使うと、条件を満たすレコードだけを抽出できます。条件を満たすレコードだけが表示され、条件を満たさないレコードは一時的に非表示になります。

2 フィルターの実行

テーブルには、自動的にフィルターモードが適用され、列見出しに▼が表示されています。条件を指定して、フィルターを実行しましょう。

1 レコードの抽出

テーブルから「**区分**」が「**経営**」または「**投資**」のレコードを抽出しましょう。

①「区分」の▼をクリックします。

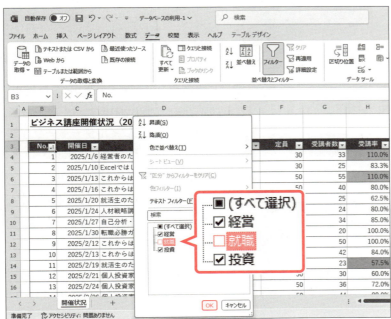

②「就職」を☐にします。
※「経営」と「投資」が☑になります。
③《OK》をクリックします。

指定した条件でレコードが抽出されます。

※抽出されたレコードの行番号が青色になります。また、ステータスバーに、条件を満たすレコードの個数が表示されます。18件のレコードが抽出されます。

④「区分」の▼にフィルターマークが表示されていることを確認します。

⑤「区分」の▼をポイントします。

マウスポインターの形が🖑に変わり、ポップヒントに指定した条件が表示されます。

2 抽出結果の絞り込み

現在の抽出結果を、さらに「開催日」が「3月」のレコードに絞り込みましょう。

①「開催日」の▼をクリックします。
②《(すべて選択)》を□にします。
※下位の項目がすべて□になります。
③「3月」を☑にします。
④《OK》をクリックします。

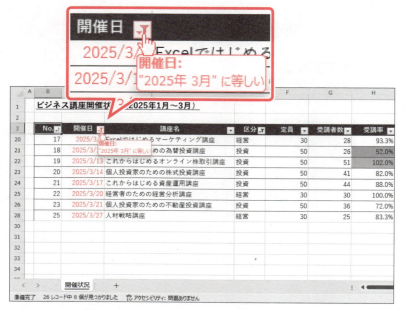

指定した条件でレコードが抽出されます。
※8件のレコードが抽出されます。

⑤「開催日」の▼にフィルターマークが表示されていることを確認します。

⑥「開催日」の▼をポイントします。

マウスポインターの形が🖑に変わり、ポップヒントに指定した条件が表示されます。

3 条件のクリア

フィルターの条件をすべてクリアして、非表示になっているレコードを再表示しましょう。

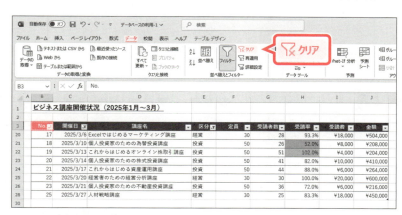

① セル【B3】をクリックします。
※テーブル内のセルであれば、どこでもかまいません。
②《データ》タブを選択します。
③《並べ替えとフィルター》グループの《クリア》をクリックします。

「開催日」と「区分」の条件が両方ともクリアされ、すべてのレコードが表示されます。
④「開催日」と「区分」の▼のフィルターマークが非表示になっていることを確認します。

> **POINT** 列見出しごとの条件のクリア
> 列見出しごとに条件をクリアするには、列見出しの▼→《"列見出し"からフィルターをクリア》を選択します。

Let's Try ためしてみよう

「講座名」が「個人投資家のための株式投資講座」または「これからはじめるオンライン株取引講座」のレコードを抽出しましょう。

Let's Try Answer

① 「講座名」の▼をクリック
②《(すべて選択)》を☐にする
③「個人投資家のための株式投資講座」を☑にする
④「これからはじめるオンライン株取引講座」を☑にする
⑤《OK》をクリック
※5件のレコードが抽出されます。

※テーブル内のセルをクリック→《クリア》をクリックして、条件をクリアしておきましょう。

3 色フィルターの実行

セルにフォントの色や塗りつぶしの色が設定されている場合、その色を条件にフィルターを実行できます。
「受講率」が100%より大きいセルは、オレンジ色で塗りつぶされています。
「受講率」のセルがオレンジ色のレコードを抽出しましょう。

①「受講率」の▼をクリックします。

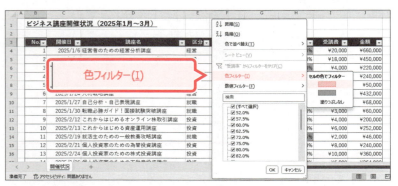

②《色フィルター》をポイントします。
③《セルの色でフィルター》のオレンジ色をクリックします。

セルがオレンジ色のレコードが抽出されます。
※3件のレコードが抽出されます。
※テーブル内のセルをクリック→《クリア》をクリックして、条件をクリアしておきましょう。

 ためしてみよう

「受講率」が60%未満のセルは、黄緑色で塗りつぶされています。
「受講率」のセルが黄緑色のレコードを抽出しましょう。

①「受講率」の▼をクリック
②《色フィルター》をポイント
③《セルの色でフィルター》の黄緑色をクリック
※2件のレコードが抽出されます。

※テーブル内のセルをクリック→《クリア》をクリックして、条件をクリアしておきましょう。

4 詳細なフィルターの実行

フィールドに入力されているデータの種類に応じて、詳細なフィルターを実行できます。

フィールドの データの種類	詳細な フィルター	抽出条件の例	
文字列	テキストフィルター	○○○で始まる、○○○で終わる ○○○を含む、○○○を含まない	など
数値	数値フィルター	○○以上、○○以下 ○○より大きい、○○より小さい ○○以上○○以下 上位○件、下位○件	など
日付	日付フィルター	昨日、今日、明日、先月、今月、来月、昨年、今年、来年 ○年○月○日より前、○年○月○日より後 ○年○月○日から○年○月○日まで 期間内の全日付（第1四半期～第4四半期、1月～12月）	など

1 テキストフィルター

データの種類が文字列のフィールドでは、「**テキストフィルター**」が用意されています。
特定の文字列で始まるレコードや特定の文字列を一部に含むレコードを抽出できます。
「**講座名**」に「**株**」が含まれるレコードを抽出しましょう。

①「**講座名**」の▼をクリックします。

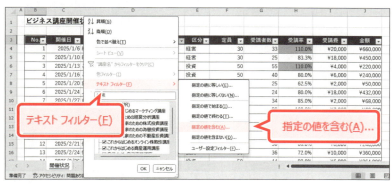

②《テキストフィルター》をポイントします。
③《指定の値を含む》をクリックします。

《カスタムオートフィルター》ダイアログボックスが表示されます。
④ 左上のボックスが《**を含む**》になっていることを確認します。
⑤ 右上のボックスに「**株**」と入力します。
⑥《OK》をクリックします。

217

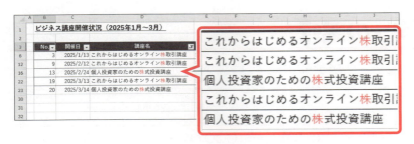

「講座名」に「株」が含まれるレコードが抽出されます。

※5件のレコードが抽出されます。
※テーブル内のセルをクリック→《クリア》をクリックして、条件をクリアしておきましょう。

STEP UP 《検索》ボックスを使ったフィルター

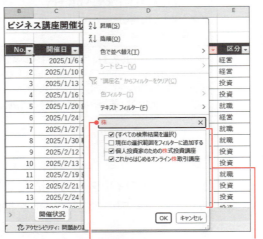

列見出しの▼をクリックして表示される《検索》ボックスを使って、特定の文字列を一部に含むレコードを抽出できます。

《検索》ボックスに文字列を入力　　一覧に文字列を含む項目が表示される

2 数値フィルター

データの種類が数値のフィールドでは、「**数値フィルター**」が用意されています。
「〜以上」「〜から〜まで」のように範囲のある数値や、上位または下位の数値を抽出できます。
「金額」が高いレコードの上位5件を抽出しましょう。

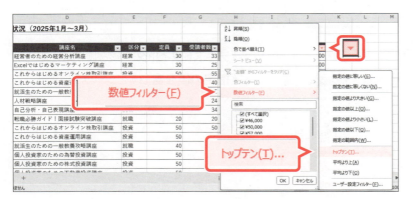

① 「金額」の▼をクリックします。
② 《数値フィルター》をポイントします。
③ 《トップテン》をクリックします。

《トップテンオートフィルター》ダイアログボックスが表示されます。

④ 左のボックスが《上位》になっていることを確認します。
⑤ 中央のボックスを「5」に設定します。
⑥ 右のボックスが《項目》になっていることを確認します。
⑦ 《OK》をクリックします。

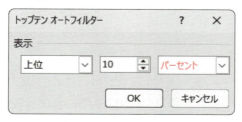

「金額」が高いレコードの上位5件が抽出されます。

※テーブル内のセルをクリック→《クリア》をクリックして、条件をクリアしておきましょう。

STEP UP トップテンオートフィルターを使った抽出

《トップテンオートフィルター》ダイアログボックスを使って、上位○%に含まれる項目、下位○%に含まれる項目を抽出することもできます。

3 日付フィルター

データの種類が日付のフィールドでは、「日付フィルター」が用意されています。
パソコンの日付をもとに「今日」や「昨日」、「今年」や「昨年」のようなレコードを抽出できます。
また、ある日付からある日付までのように期間を指定して抽出することや、年を問わず指定した月のレコードを抽出することもできます。
「開催日」が「2025/3/1」から「2025/3/15」までのレコードを抽出しましょう。

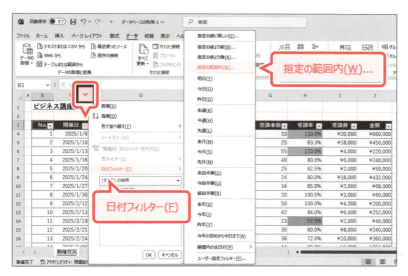

① 「開催日」の▼をクリックします。
② 《日付フィルター》をポイントします。
③ 《指定の範囲内》をクリックします。

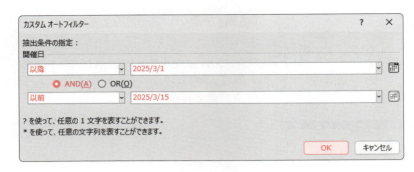

《カスタムオートフィルター》ダイアログボックスが表示されます。
④左上のボックスが《以降》になっていることを確認します。
⑤右上のボックスに「2025/3/1」と入力します。
※「3/1」のように西暦年を省略して入力すると、現在の西暦年になります。
⑥《AND》が◉になっていることを確認します。
⑦左下のボックスが《以前》になっていることを確認します。
⑧右下のボックスに「2025/3/15」と入力します。
⑨《OK》をクリックします。

「2025/3/1」から「2025/3/15」までのレコードが抽出されます。
※5件のレコードが抽出されます。
※テーブル内のセルをクリック→《クリア》をクリックして、条件をクリアしておきましょう。

STEP UP 日付の選択

《カスタムオートフィルター》ダイアログボックスの《日付の選択》をクリックすると、カレンダーが表示されます。カレンダーの日付を選択して、抽出条件に指定することができます。

POINT フィルターモード

テーブルに変換していない表でも、フィルターモードにすると列見出しに▼が付き、抽出ができます。
フィルターモードにしたり、解除したりする方法は次のとおりです。
◆表内のセルを選択→《データ》タブ→《並べ替えとフィルター》グループの《フィルター》

5 集計行の表示

テーブルの最終行に集計行を表示して、合計や平均などの集計ができます。また、フィルターで抽出すると、抽出したレコードだけの合計や平均などを確認できます。
テーブルの最終行に集計行を表示し、「受講者数」と「金額」の合計を表示しましょう。

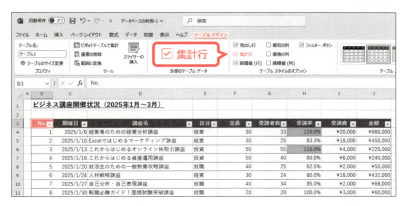

集計行を表示します。
①セル【B3】をクリックします。
※テーブル内のセルであれば、どこでもかまいません。
②《テーブルデザイン》タブを選択します。
③《テーブルスタイルのオプション》グループの《集計行》を☑にします。

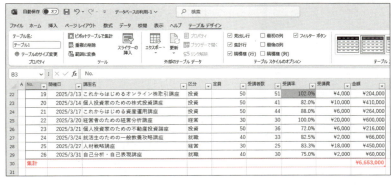

シートが自動的にスクロールされ、テーブルの最終行に集計行が表示されます。

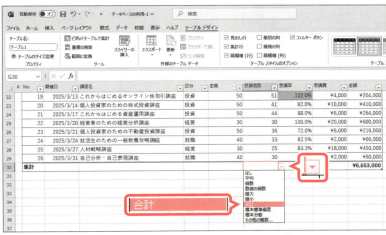

「受講者数」と「金額」の合計を表示します。
④集計行の「受講者数」のセル（セル【G30】）をクリックします。
⑤▼をクリックします。
⑥《合計》をクリックします。

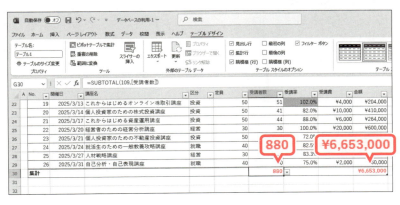

「受講者数」の合計が表示されます。
⑦「金額」の合計が表示されていることを確認します。

※集計行を表示すると、テーブルの右端のフィールドには自動的に集計が表示されます。
※ブックに「データベースの利用-1完成」と名前を付けて、フォルダー「第8章」に保存し、閉じておきましょう。

STEP 6 データベースを効率的に操作する

1 ウィンドウ枠の固定

OPEN データベースの利用-2

大きな表で、表の下側や右側を確認するために画面をスクロールすると、表の見出しが見えなくなることがあります。
ウィンドウ枠を固定すると、スクロールしても常に見出しが表示されます。
1～3行目の見出しを固定しましょう。

① 1～3行目が表示されていることを確認します。
※固定する見出しを画面に表示しておく必要があります。
② 行番号【4】をクリックします。
※固定する行の下の行を選択します。
③《表示》タブを選択します。

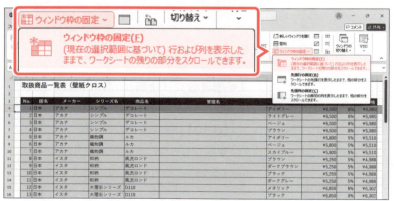

④《ウィンドウ》グループの《ウィンドウ枠の固定》をクリックします。
⑤《ウィンドウ枠の固定》をクリックします。

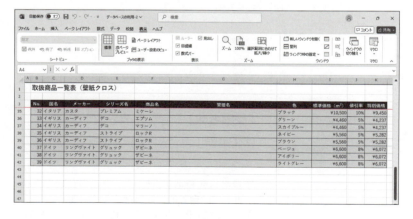

1～3行目が固定されます。
⑥ シートを下方向にスクロールし、1～3行目が固定されていることを確認します。

POINT　ウィンドウ枠固定の解除

固定したウィンドウ枠を解除する方法は、次のとおりです。
◆《表示》タブ→《ウィンドウ》グループの《ウィンドウ枠の固定》→《ウィンドウ枠固定の解除》

POINT 行と列の固定

列を固定したり、行と列を同時に固定したりできます。

列の固定

列を選択してウィンドウ枠を固定すると、選択した列の左側が固定されます。
例えば、A～C列の見出しを固定する場合は、D列を選択して、コマンドを実行します。

◆固定する列の右側の列を選択→《表示》タブ→《ウィンドウ》グループの《ウィンドウ枠の固定》→《ウィンドウ枠の固定》

選択した列の左側が固定される

行と列の固定

セルを選択してウィンドウ枠を固定すると、選択したセルの上側と左側が固定されます。
例えば、A～C列および1～3行目の見出しを固定する場合は、固定する見出し部分が交わるセル【D4】を選択して、コマンドを実行します。

◆固定する見出しが交わる右下のセルを選択→《表示》タブ→《ウィンドウ》グループの《ウィンドウ枠の固定》→《ウィンドウ枠の固定》

選択したセルの上側と左側が固定される

出典：人口推計「都道府県別人口」（総務省統計局）

2 書式のコピー/貼り付け

「書式のコピー/貼り付け」を使うと、書式だけを簡単にコピーできます。
表の最終行の書式を下の行にコピーしましょう。

①行番号【42】をクリックします。

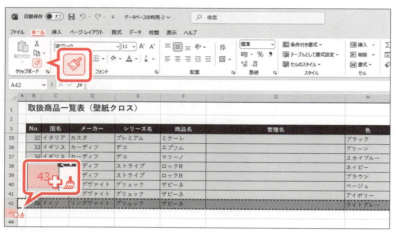

②《ホーム》タブを選択します。
③《クリップボード》グループの《書式のコピー/貼り付け》をクリックします。
マウスポインターの形が ✥🖌 に変わります。
④行番号【43】をクリックします。

書式だけがコピーされます。

※行の選択を解除して、罫線や塗りつぶしの色が設定されていることを確認しておきましょう。

> **POINT 書式のコピー/貼り付けの連続処理**
>
> ひとつの書式を複数の箇所に連続してコピーできます。
> コピー元のセルを選択し、《書式のコピー/貼り付け》をダブルクリックして、貼り付け先のセルを選択する操作を繰り返します。書式のコピーを終了するには、《書式のコピー/貼り付け》を再度クリックするか[Esc]を押します。

3 レコードの追加

表に繰り返し同じデータを入力する場合、入力操作を軽減する機能があります。

1 オートコンプリート

「オートコンプリート」は、先頭の文字を入力すると、同じフィールドにある同じ読みのデータを自動的に認識し、表示する機能です。
オートコンプリートを使って、セル【C43】に「ドイツ」と入力しましょう。

①セル【C43】をクリックします。
②「ど」と入力します。
「ど」に続けて「ドイツ」が表示されます。

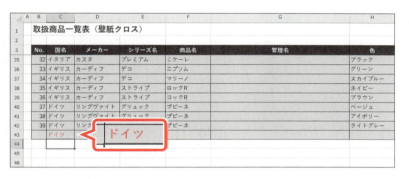

③ Enter を押します。
「ドイツ」が入力され、カーソルが表示されます。

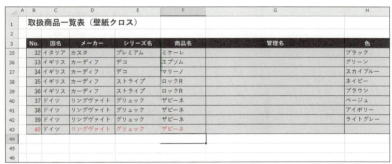

④ Enter を押します。
データが確定されます。

⑤セル【B43】、セル範囲【D43:F43】に次のデータを入力します。

| セル【B43】：40 |
| セル【D43】：リングヴァイト |
| セル【E43】：グリュック |
| セル【F43】：ザビーネ |

※G列とセル範囲【H43:K43】は、あとでデータを入力します。

STEP UP　オートコンプリート

同じフィールドに、同じ読みで始まるデータが複数ある場合は、異なる読みが入力された時点で自動的に表示されます。

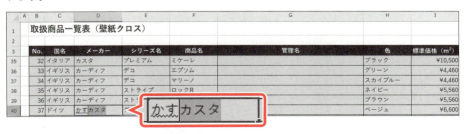

2 ドロップダウンリストから選択

フィールドのデータが文字列の場合、「ドロップダウンリストから選択」を使うと、フィールドに入力されているデータが一覧で表示されます。どのようなデータがあるのかを確認しながら選択できるので、効率的に入力できます。
ドロップダウンリストから選択して、セル【H43】に「ホワイト」と入力しましょう。

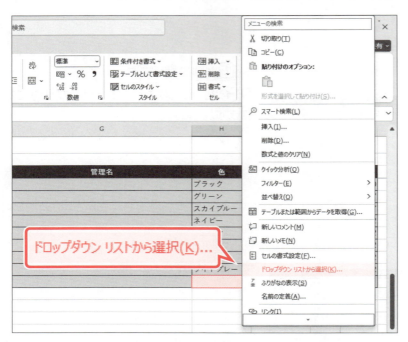

①セル【H43】を右クリックします。
②《ドロップダウンリストから選択》をクリックします。

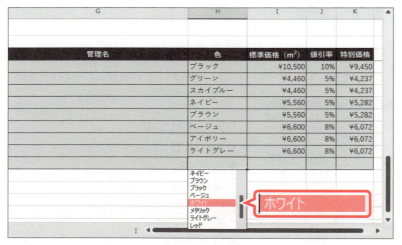

セル【H43】にフィールドに入力されているデータの一覧が表示されます。
③一覧から「ホワイト」を選択します。
※表示されていない場合は、スクロールして調整します。

データが入力されます。

STEP UP その他の方法（ドロップダウンリストから選択）

◆セルを選択→ Alt + ↓

3 数式の自動入力

表にレコードを新しく追加すると、上の行に設定されている数式が自動的に入力されます。「**標準価格**」「**値引率**」の数値を入力し、「**特別価格**」の数式が自動的に入力されることを確認しましょう。

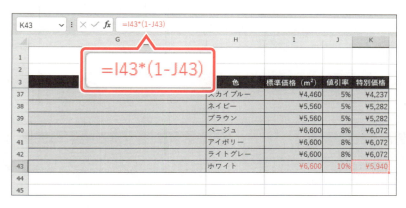

① セル【I43】に「**6600**」と入力します。
※I列には、通貨表示形式が設定されています。
② セル【J43】に「**10**」と入力します。
※J列には、パーセントスタイルの表示形式が設定されています。
セル【K43】に「**¥5,940**」と表示されます。
③ セル【K43】をクリックします。
④ 数式バーに「**＝I43＊（1－J43）**」と表示されていることを確認します。

STEP UP 日本語入力モードの切り替え

Excelは通常、日本語入力モードがオフですが、セルを選択したときに、日本語入力モードが自動的にオンになるように設定することができます。数値を入力したり、日本語を入力したりと入力モードを頻繁に切り替えながらデータを入力する場合は、[半角/全角漢字]を押して入力モードを切り替える必要がないので効率的にデータを入力できます。
自動的に日本語入力モードをオンに切り替える方法は、次のとおりです。

◆セルを選択→《データ》タブ→《データツール》グループの《データの入力規則》→《日本語入力》タブ→《日本語入力》の▼→《オン》

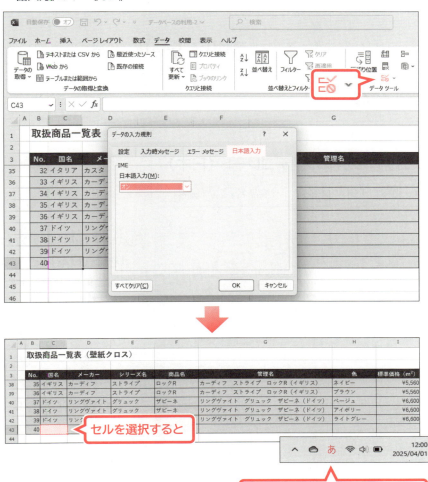

4 フラッシュフィルの利用

「フラッシュフィル」とは、入力済みのデータをもとに入力パターンを読み取り、まだ入力されていない残りのセルに、入力パターンに合わせてデータを自動で埋め込む機能のことです。例えば、英字の小文字をすべて大文字にしたり、電話番号に「－（ハイフン）」を付けたり、姓と名を結合して氏名を表示したり、メールアドレスの「@」より前の部分を取り出したりといったデータの加工を効率的に行えます。

最初のセルだけ入力して、フラッシュフィルを実行！

入力パターン（「姓」と「名」の間に空白を1文字分入れて結合）を認識し、ほかのセルにも同じパターンでデータが自動入力される！

フラッシュフィルを使って、セル範囲【G4:G43】に次のような入力パターンの「**管理名**」を入力しましょう。

●セル【G4】

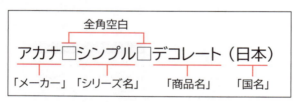

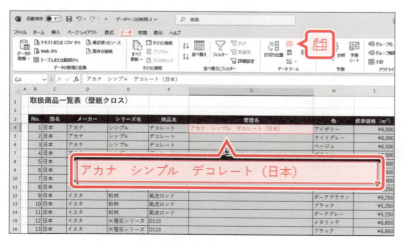

①セル【G4】に「アカナ□シンプル□デコレート（日本）」と入力します。

※□は全角空白を表します。

②セル【G4】をクリックします。

※表内のG列のセルであれば、どこでもかまいません。

③《データ》タブを選択します。

④《データツール》グループの《フラッシュフィル》をクリックします。

セル範囲【G5:G43】に同じ入力パターンでデータが入力され、《フラッシュフィルオプション》が表示されます。

※ステータスバーに、フラッシュフィルで入力されたセルの数が表示されます。

※ブックに「データベースの利用-2完成」と名前を付けて、フォルダー「第8章」に保存し、閉じておきましょう。

《フラッシュフィルオプション》

フラッシュ フィルの変更されたセル: 39

STEP UP その他の方法（フラッシュフィル）

◆ 1つ目のセルに入力→セルを選択→《ホーム》タブ→《編集》グループの《フィル》→《フラッシュフィル》
◆ 1つ目のセルに入力→セルを選択→セル右下の■（フィルハンドル）をダブルクリック→《オートフィルオプション》→《フラッシュフィル》
◆ 1つ目のセルに入力→ Ctrl + E

POINT フラッシュフィル利用時の注意点

●列内のデータは同じ規則性にする

列内のデータはすべて同じ規則で入力されている必要があります。例えば、姓と名の間に半角空白と全角空白が混在していたり、電話番号の数値に半角と全角が混在していたりする場合は、パターンを読み取れず正しく実行することができません。

●データが入力されている列に隣接する列で操作する

フラッシュフィルを実行する列の左右が空白列の場合、正しく実行することができません。データが入力されている列に隣接する列で操作します。

●1列ずつ操作する

複数の列のセルを選択してフラッシュフィルを実行することはできません。必ず1列ずつ操作します。

POINT フラッシュフィルオプション

フラッシュフィルを実行すると《フラッシュフィルオプション》が表示されます。クリックするとフラッシュフィルを元に戻すか、候補を反映するかなどを選択できます。
《フラッシュフィルオプション》を使わない場合は、 Esc を押します。

↶ フラッシュ フィルを元に戻す(U)

✓ 候補の反映(A)

0 個のすべての空白セルを選択(B)

39 個のすべての変更されたセルを選択(C)

229

練習問題

あなたは、レストランリストを整理し、条件に合うレストランの情報をお客様に案内することになりました。
次の表をもとに、データベースを操作しましょう。

●完成図

A	B	C	D	E	F	G	H	I	J	K
	横浜レストランリスト									
	No.	店名	沿線	最寄駅	徒歩(分)	オープン年月	予算	ジャンル	テイクアウト	アクセス
	1	ル・セゾン	市営地下鉄	中川	5	2013年4月	¥30,000	フランス料理	なし	市営地下鉄　中川駅　徒歩5分
	2	SALONE AOBA	田園都市線	青葉台	13	2018年10月	¥18,000	イタリア料理	あり	田園都市線　青葉台駅　徒歩13分
	3	イル・テアトリーノ・ローマ	市営地下鉄	センター南	10	2012年4月	¥10,000	フランス料理	あり	市営地下鉄　センター南駅　徒歩10分
	4	スパニッシュMORINO	市営地下鉄	新横浜	15	2010年8月	¥5,000	スペイン料理	あり	市営地下鉄　新横浜駅　徒歩15分
	5	Chez INOSE	田園都市線	あざみ野	10	2023年5月	¥20,000	フランス料理	なし	田園都市線　あざみ野駅　徒歩10分
	6	China虎龍	根岸線	関内	20	2018年1月	¥5,000	中華料理	あり	根岸線　関内駅　徒歩20分
	7	一期一会Paris	東横線	日吉	5	2011年8月	¥40,000	フランス料理	あり	東横線　日吉駅　徒歩5分
	8	イベリコ風軍	東横線	菊名	2	2014年5月	¥4,500	スペイン料理	あり	東横線　菊名駅　徒歩2分
	9	Primavera OKURAYAMA	東横線	大倉山	8	2008年8月	¥15,000	イタリア料理	あり	東横線　大倉山駅　徒歩8分
	10	クチーナ　イシカワ	根岸線	石川町	7	2015年7月	¥8,000	イタリア料理	あり	根岸線　石川町駅　徒歩7分
	11	ガランダ	東横線	綱島	4	2003年9月	¥4,500	インド料理	あり	東横線　綱島駅　徒歩4分

① 完成図を参考に、フラッシュフィルを使って、セル範囲【K4:K30】に次のような入力パターンのデータを入力しましょう。

●セル【K4】

② 表をテーブルに変換しましょう。

③ 「オープン年月」を日付の新しい順に並べ替えましょう。

④ 「最寄駅」を昇順で並べ替え、さらに「最寄駅」が同じ場合は、「徒歩(分)」を昇順で並べ替えましょう。

⑤ 「No.」の昇順に並べ替えましょう。

⑥ 「予算」が低いレコード5件を抽出しましょう。
※抽出後、フィルターの条件をクリアしておきましょう。

⑦ 「ジャンル」が「中華料理」で、「テイクアウト」が「あり」のレコードを抽出しましょう。
※抽出後、フィルターの条件をクリアしておきましょう。

⑧ 「予算」が10,000円以上20,000円以下で、「ジャンル」が「イタリア料理」または「スペイン料理」のレコードを抽出しましょう。
※抽出後、フィルターの条件をクリアしておきましょう。

⑨ テーブルに集計行を表示しましょう。次に、「ジャンル」が「フランス料理」の「予算」の平均を表示しましょう。
※抽出後、フィルターの条件をクリアしておきましょう。

※ブックに「第8章練習問題完成」と名前を付けて、フォルダー「第8章」に保存し、閉じておきましょう。

第9章

便利な機能

この章で学ぶこと 232
STEP 1 検索・置換する 233
STEP 2 PDFファイルとして保存する 240
STEP 3 スピルを使って数式の結果を表示する 242
練習問題 246

この章で学ぶこと

学習前に習得すべきポイントを理解しておき、
学習後には確実に習得できたかどうかを振り返りましょう。

■ シート内やブック内のデータを検索できる。　　→ P.233

■ シート内やブック内のデータを別のデータに置換できる。　　→ P.235

■ シート内やブック内の書式を別の書式に置換できる。　　→ P.236

■ ブックをPDFファイルとして保存できる。　　→ P.240

■ スピルを使って数式の結果を複数のセルに表示できる。　　→ P.242

第9章 便利な機能

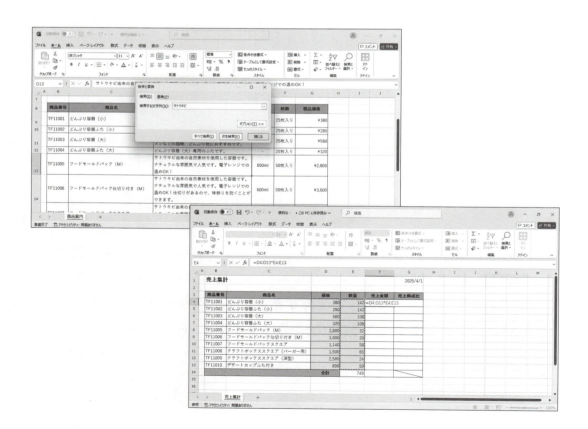

STEP 1 検索・置換する

1 検索

OPEN 便利な機能-1

「検索」を使うと、シート内やブック内から目的のデータをすばやく探すことができます。文字列「**サトウキビ**」を検索しましょう。

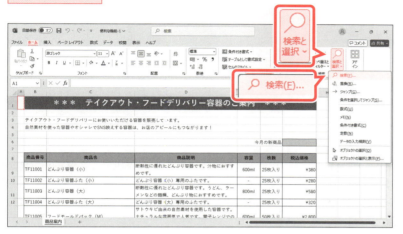

① セル【A1】をクリックします。
※アクティブセルの位置から検索を開始します。
②《ホーム》タブを選択します。
③《編集》グループの《検索と選択》をクリックします。
④《検索》をクリックします。

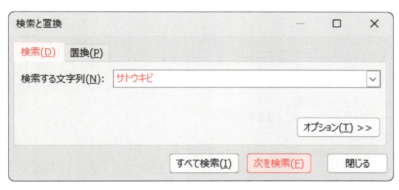

《検索と置換》ダイアログボックスが表示されます。
⑤《検索》タブを選択します。
⑥《検索する文字列》に「**サトウキビ**」と入力します。
⑦《次を検索》をクリックします。

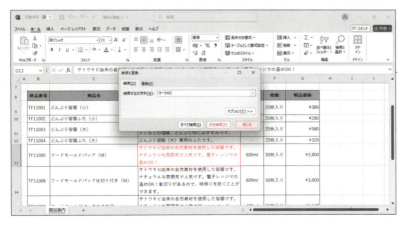

文字列「**サトウキビ**」を含むセルが検索されます。
⑧《次を検索》を数回クリックし、検索結果をすべて確認します。
※3件検索されます。
⑨《閉じる》をクリックします。

STEP UP その他の方法（検索）

◆ [Ctrl] + [F]

STEP UP すべて検索

《検索と置換》ダイアログボックスの《すべて検索》をクリックすると、検索結果が一覧で表示されます。すべての検索結果を選択すると、シート上のセルがすべて選択されます。検索結果をまとめて選択するには、先頭の検索結果をクリックし、[Shift]を押しながら最終の検索結果をクリックします。

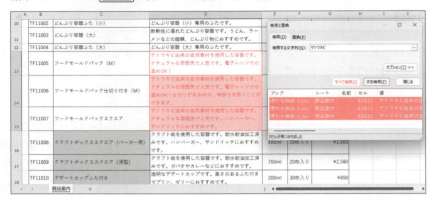

STEP UP 検索場所

初期の設定では、検索はアクティブシートを対象に実行されます。ブック全体を検索の対象にする場合は、《検索と置換》ダイアログボックスの《オプション》をクリックして表示される《検索場所》で指定します。
《検索場所》を「ブック」にすると、ブック内のすべてのシートを対象に検索が実行されます。
また、シートの一部分だけを対象に検索を実行する場合は、特定のセル範囲を選択してから検索を行います。

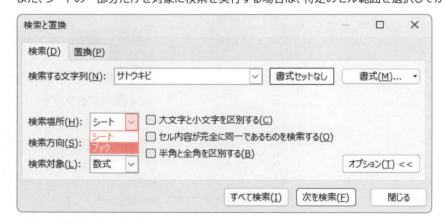

STEP UP Microsoft Searchを使った検索

Microsoft Searchにキーワードを入力して、検索を行うことができます。Microsoft Searchでは、ブック内のデータの検索以外に、Excelの機能や用語の意味を調べたり、コマンドを実行したりすることもできます。
Microsoft Searchを使って検索を行う方法は、次のとおりです。
◆Microsoft Searchのボックスにキーワードを入力→《ワークシート内を検索》の"キーワード"をクリック

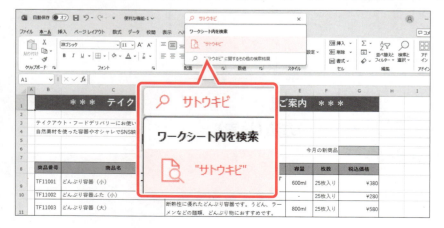

2 置換

「**置換**」を使うと、データを検索して別のデータに置き換えることができます。また、設定されている書式を別の書式に置き換えることもできます。

1 文字列の置換

「**自然素材**」を「**エコ素材**」にすべて置換しましょう。

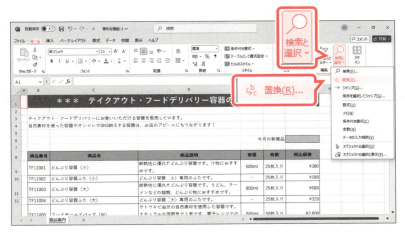

①セル【A1】をクリックします。
※シート内のセルであれば、どこでもかまいません。
②《**ホーム**》タブを選択します。
③《**編集**》グループの《**検索と選択**》をクリックします。
④《**置換**》をクリックします。

《**検索と置換**》ダイアログボックスが表示されます。
⑤《**置換**》タブを選択します。
⑥《**検索する文字列**》に「**自然素材**」と入力します。
※Excelを終了するまで、《検索と置換》ダイアログボックスには直前に指定した内容が表示されます。
⑦《**置換後の文字列**》に「**エコ素材**」と入力します。
⑧《**すべて置換**》をクリックします。

メッセージが表示されます。
※4件置換されます。
⑨メッセージを確認し、《**OK**》をクリックします。

《検索と置換》ダイアログボックスに戻ります。

⑩《閉じる》をクリックします。

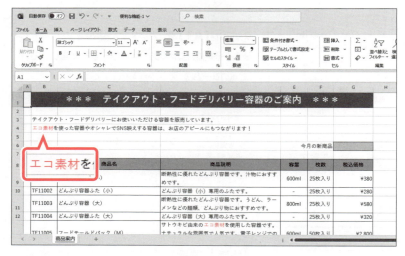

「**自然素材**」が「**エコ素材**」に置換されます。

※スクロールして、結果を確認しておきましょう。

STEP UP その他の方法（置換）

◆ Ctrl + H

2 書式の置換

セル【G6】やC列のセルに設定されている「**今月の新商品**」の書式を、次の書式に置換しましょう。検索する「**今月の新商品**」の書式は、書式が設定されているセルをクリックして効率よく設定します。

太字
塗りつぶしの色：黄色

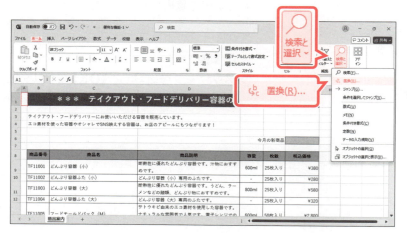

①セル【A1】をクリックします。

※シート内のセルであれば、どこでもかまいません。

②《ホーム》タブを選択します。

③《編集》グループの《検索と選択》をクリックします。

④《置換》をクリックします。

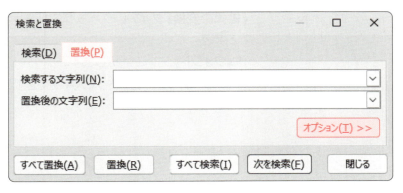

《検索と置換》ダイアログボックスが表示されます。
⑤《置換》タブを選択します。
⑥《検索する文字列》の内容を削除します。
⑦《置換後の文字列》の内容を削除します。
⑧《オプション》をクリックします。

置換の詳細が設定できるようになります。
⑨《検索する文字列》の《書式》の▼をクリックします。
⑩《セルから書式を選択》をクリックします。

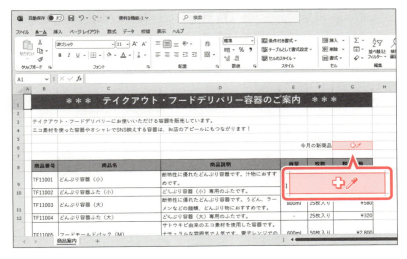

《検索と置換》ダイアログボックスが非表示になります。
マウスポインターの形が ✚🖉 に変わります。
⑪セル【G6】をクリックします。

《検索と置換》ダイアログボックスが再表示されます。
《検索する文字列》の《プレビュー》に書式が表示されます。
※選択したセルに設定されている書式が検索する対象として認識されます。
⑫《置換後の文字列》の《書式》をクリックします。

237

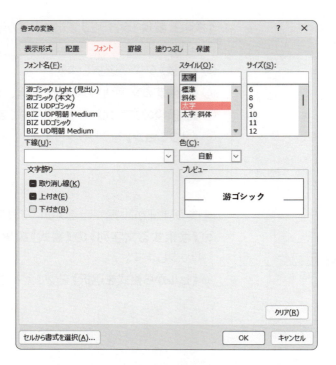

《書式の変換》ダイアログボックスが表示されます。

⑬《フォント》タブを選択します。

⑭《スタイル》の一覧から《太字》を選択します。

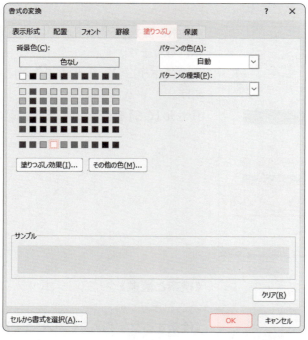

⑮《塗りつぶし》タブを選択します。

⑯《背景色》の一覧から図の黄色を選択します。

⑰《OK》をクリックします。

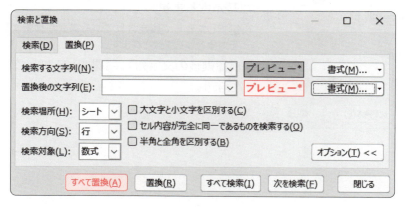

《検索と置換》ダイアログボックスに戻ります。

《置換後の文字列》の《プレビュー》に書式が表示されます。

⑱《すべて置換》をクリックします。

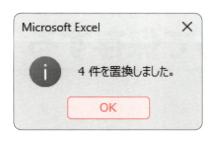

メッセージが表示されます。
※4件置換されます。
⑲メッセージを確認し、《OK》をクリックします。

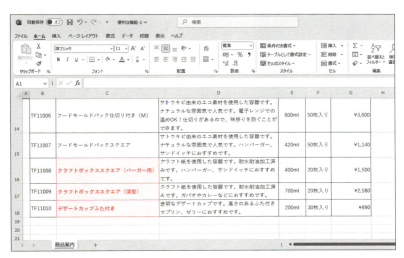

《検索と置換》ダイアログボックスに戻ります。
⑳《閉じる》をクリックします。

書式が置換されます。
㉑シートをスクロールして、書式を確認します。

※ブックに「便利な機能-1完成」と名前を付けて、フォルダー「第9章」に保存しておきましょう。次の操作のために、ブックは開いたままにしておきましょう。

STEP UP 書式のクリア

書式の検索や書式の置換を行うと、《検索と置換》ダイアログボックスには直前に指定した書式の内容が表示されます。書式を削除するには、《書式》の▼→《書式検索のクリア》または《書式置換のクリア》を選択します。

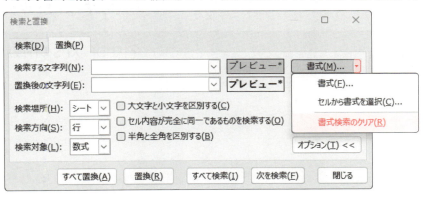

STEP 2 PDFファイルとして保存する

1 PDFファイル

「PDFファイル」とは、パソコンの機種や環境にかかわらず、もとのアプリで作成したとおりに正確に表示できるファイル形式です。作成したアプリがなくても表示用のアプリがあればファイルを表示できるので、閲覧用によく利用されています。
Excelでは、ファイル形式を指定するだけで、PDFファイルを作成できます。

2 PDFファイルとして保存

商品案内を閲覧用として他者に配布できるように、ブックに**「商品案内（配布用）」**と名前を付けて、PDFファイルとしてフォルダー**「第9章」**に保存しましょう。保存後、PDFファイルを表示しましょう。

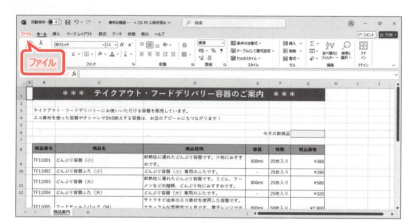

①《ファイル》タブを選択します。

②《エクスポート》をクリックします。
※お使いの環境によっては、《エクスポート》が表示されていない場合があります。その場合は、《その他》→《エクスポート》をクリックします。
③《PDF/XPSドキュメントの作成》をクリックします。
④《PDF/XPSの作成》をクリックします。

《**PDFまたはXPS形式で発行**》ダイアログボックスが表示されます。

PDFファイルを保存する場所を指定します。

⑤フォルダー「**第9章**」が表示されていることを確認します。

※フォルダー「第9章」が表示されていない場合は、《ドキュメント》→「Excel2024基礎」→「第9章」を選択します。

⑥《**ファイル名**》に「**商品案内（配布用）**」と入力します。

⑦《**ファイルの種類**》が《**PDF**》になっていることを確認します。

⑧《**発行後にファイルを開く**》を ☑ にします。

⑨《**発行**》をクリックします。

PDFファイルが作成されます。

PDFファイルを表示するアプリが起動し、PDFファイルが開かれます。

※図では、Microsoft Edgeで開いています。

PDFファイルを閉じます。

⑩《**閉じる**》をクリックします。

※ブック「便利な機能-1完成」を閉じておきましょう。

STEP UP PDFファイルの発行対象

初期の設定では、アクティブシートがPDFファイルとして保存されます。ブック全体を保存したり、複数のシートを保存したり、シート上の選択した部分だけを保存したりするには、《PDFまたはXPS形式で発行》ダイアログボックスの《オプション》をクリックし、《発行対象》で保存する内容を設定します。

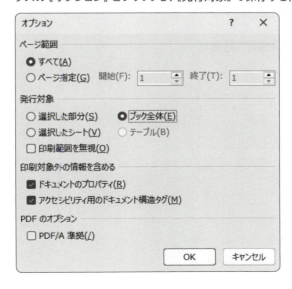

STEP 3 スピルを使って数式の結果を表示する

1 スピル

「スピル」とは、ひとつの数式を入力するだけで隣接するセル範囲にも結果を表示する機能です。スピルは、「あふれる」「こぼれる」という意味です。セル範囲を参照する数式を入力すると、数式をコピーしなくても結果が表示されるので、効率的です。

2 数式の入力

スピルを使って、数式を入力しましょう。

1 スピルを使った計算

OPEN　便利な機能-2

スピルを使って、すべての商品の**「売上金額」**を求める数式を入力しましょう。
「売上金額」は、**「価格×数量」**で求めます。

計算結果を表示する先頭のセルを選択します。

①セル【F4】をクリックします。
②「=」を入力します。
③セル範囲【D4:D13】を選択します。

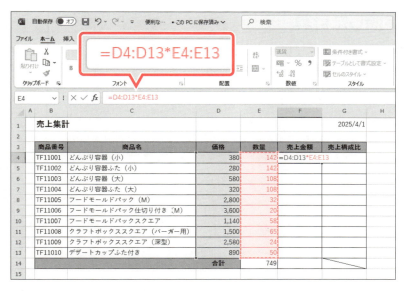

④続けて「*」を入力します。

⑤セル範囲【E4:E13】を選択します。

⑥数式バーに「=D4:D13*E4:E13」と表示されていることを確認します。

数式を確定します。

⑦ Enter を押します。

セル範囲【F4:F13】が青い枠線で囲まれ、「売上金額」が求められます。

※「数式がスピルされています…」のメッセージが表示された場合は、《OK》をクリックしておきましょう。

※「売上金額」欄には、桁区切りスタイルの表示形式が設定されています。

※数式を入力したセル以外のセルを選択すると、数式バーに薄い灰色で数式が表示されます。

POINT 数式の編集や削除

スピルによって結果が表示されたセル範囲を「スピル範囲」といい、青い枠線で囲まれます。数式を入力したセル以外のセルを「ゴースト」といいます。スピルを使った数式を編集する場合は、スピル範囲先頭のセルの数式を修正すると、スピル範囲の結果に反映されます。また、数式を削除する場合は、スピル範囲先頭のセルの数式を削除すると、スピル範囲のすべての結果が削除されます。ゴーストのセルの数式を編集したり削除したりすることはできません。

❷ スピル範囲を参照した計算

スピル範囲を計算対象とする数式を入力できます。スピル範囲は、「F4#」のように、範囲の先頭のセルに「スピル範囲演算子」の「#」を付けて表示します。

「売上金額」の合計を求める数式を入力しましょう。次に、「売上構成比」を求める数式を入力しましょう。

「売上構成比」は、「各商品の売上金額÷売上金額の合計」で求めます。

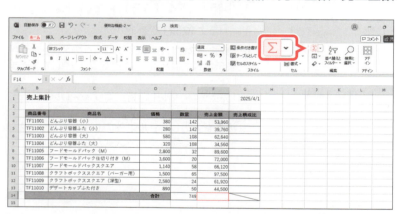

売上金額の合計を求めます。
①セル【F14】をクリックします。
②《ホーム》タブを選択します。
③《編集》グループの《合計》をクリックします。

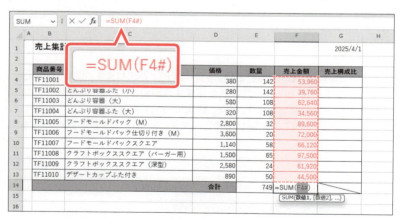

合計するセル範囲が自動的に認識され、点線で囲まれます。
④数式バーに「=SUM(F4#)」と表示されていることを確認します。

数式を確定します。
⑤ Enter を押します。
合計が表示されます。

売上構成比を求めます。

⑥セル【G4】をクリックします。
⑦「=」を入力します。
⑧セル範囲【F4:F13】を選択します。
※「=F4#」と表示されます。

⑨続けて「/」を入力します。
⑩セル【F14】を選択します。
⑪数式バーに「=F4#/F14」と表示されていることを確認します。
※自動的にセルを参照して結果が表示されるため、絶対参照の指定をする必要はありません。

数式を確定します。
⑫ [Enter] を押します。
セル範囲【G4:G13】が青い枠線で囲まれ、「売上構成比」が求められます。
※「売上構成比」欄には、小数第1位までのパーセントの表示形式が設定されています。

※ブックに「便利な機能-2完成」と名前を付けて、フォルダー「第9章」に保存しておきましょう。

STEP UP　スピルのエラー

スピル範囲にデータが入力されていたり、スピル範囲のセルが結合されていたりするとスピルの結果が正しく表示されず、エラー値「#スピル!」が表示されます。

POINT　スピル利用時の注意点

スピルに対応していないExcel 2019以前のバージョンでスピルを使った数式を含むブックを開くと、数式ではなく結果だけが表示される場合があります。以前のバージョンを使用する可能性がある場合は、注意しましょう。
また、スピルを含む表は、テーブル、並べ替えなどの一部の機能を使用することができません。

練習問題

あなたは、FOM海産物センターで勤務しており、注文書を作成することになりました。
完成図のような表を作成しましょう。
※アクティブシートを切り替えて、各シートの内容を確認しておきましょう。

●完成図

① ブック全体の文字列「**グラム**」をすべて「**g**」に置換しましょう。

HINT ブック全体を置換対象にするには、《検索と置換》ダイアログボックスの《オプション》→《検索場所》を使います。

② ブック全体で太字が設定されているセルの色を、任意のオレンジ色に置換しましょう。

③ シート「**商品一覧**」のセル【E9】に「**特別価格**」を求める数式を入力しましょう。数式はスピルを使って、セル範囲【E9:E18】に結果が表示されるようにします。「**割引率**」はセル【E5】を参照して数式を入力すること。

HINT 「特別価格」は、「通常価格×(1−割引率)」で求めます。

④ シート「**注文書**」をPDFファイルとして、「**限定販売商品注文書**」と名前を付けて、フォルダー「**第9章**」に保存しましょう。保存後、PDFファイルを表示しましょう。

※PDFファイルを閉じておきましょう。

※ブックに「第9章練習問題完成」と名前を付けて、フォルダー「第9章」に保存し、閉じておきましょう。

総合問題

総合問題1		248
総合問題2		250
総合問題3		252
総合問題4		254
総合問題5		256
総合問題6		258
総合問題7		260
総合問題8		262
総合問題9		264
総合問題10		266

 # 総合問題1

あなたは、店舗運営の業務を担当しており、各店舗で使用する清掃チェック表を作成することになりました。
完成図のような表を作成しましょう。

※標準解答は、FOM出版のホームページで提供しています。P.5「5 学習ファイルと標準解答のご提供について」を参照してください。

●完成図

	A	B	C	D	E	F	G	H	I	J
1		清掃チェック表						2025年3月10日	〜	2025年3月16日
2										
3		月日		3月10日	3月11日	3月12日	3月13日	3月14日	3月15日	3月16日
4		曜日		月	火	水	木	金	土	日
5		担当者名								
6		清掃	便器／便座							
7			洗面台							
8			鏡							
9			床							
10			ごみ箱							
11		補充	トイレットペーパー							
12			手洗い石けん							
13			アルコールスプレー							
14										
15										

第1週　第2週　＋

	A	B	C	D	E	F	G	H	I	J
1		清掃チェック表						2025年3月17日	〜	2025年3月23日
2										
3		月日		3月17日	3月18日	3月19日	3月20日	3月21日	3月22日	3月23日
4		曜日		月	火	水	木	金	土	日
5		担当者名								
6		清掃	便器／便座							
7			洗面台							
8			鏡							
9			床							
10			ごみ箱							
11		補充	トイレットペーパー							
12			手洗い石けん							
13			アルコールスプレー							
14										
15										

第1週　第2週　＋

① セル【B1】のタイトルを「チェック表」から「清掃チェック表」に修正しましょう。

② 完成図を参考に、オートフィルを使って、セル範囲【E3:J4】に月日と曜日を入力しましょう。

③ セル範囲【I5:I13】を「濃い青、テキスト2、白+基本色90%」、セル範囲【J5:J13】を「オレンジ、アクセント2、白+基本色80%」でそれぞれ塗りつぶしましょう。

④ 完成図を参考に、表内のセルを結合し、文字列を結合したセルの中央に配置しましょう。

⑤ セル【B6】とセル【B11】の文字列をそれぞれ縦書きにしましょう。

⑥ 完成図を参考に、表内に点線の罫線を引きましょう。

⑦ セル【H1】に、セル範囲【D3:J3】の最小値を求める数式を入力しましょう。

⑧ セル【J1】に、セル範囲【D3:J3】の最大値を求める数式を入力しましょう。

⑨ セル【H1】とセル【J1】の日付がそれぞれ「2025年3月10日」「2025年3月16日」と表示されるように、表示形式を設定しましょう。

⑩ B列の列の幅を「4」、D〜J列の列の幅を「16」に設定しましょう。
次に、C列の列の幅を自動調整しましょう。

⑪ 5〜13行目の行の高さを「30」に設定しましょう。

⑫ シート「第1週」をシート「第1週」の右側にコピーしましょう。
次に、コピーしたシートの名前を「第2週」に変更しましょう。

⑬ シート「第2週」のセル【D3】の「3月10日」を「3月17日」に修正しましょう。
次に、オートフィルを使って、セル範囲【E3:J3】に月日を入力しましょう。

※ブックに「総合問題1完成」と名前を付けて、フォルダー「総合問題」に保存し、閉じておきましょう。

総合問題2

あなたは、FOMジュニアサッカーリーグの運営業務を担当しており、今シーズンの成績一覧をまとめることになりました。
完成図のような表を作成しましょう。

●完成図

FOM Junior Soccer League

成績一覧

	勝利ポイント	引分ポイント
	3	1

順位	チーム名	試合数	勝利数	引分数	敗北数	得点	失点	得失点差	勝率	勝点
1	パワーイーグルス	30	24	5	1	60	19	41	80.0%	77
2	サンウィニング	30	21	4	5	63	24	39	70.0%	67
3	エンゼルフィッシュ	30	19	6	5	53	22	31	63.3%	63
4	MINAMIイレブン	30	16	8	6	54	29	25	53.3%	56
5	ストリートFC	30	17	5	8	48	30	18	56.7%	56
6	オレンジレンジャー	30	11	11	8	38	34	4	36.7%	44
7	中町ファイアー	30	11	11	8	31	32	-1	36.7%	44
8	クロスFC	30	10	12	8	38	36	2	33.3%	42
9	元町ラビット	30	9	11	10	38	42	-4	30.0%	38
10	ロングドラゴン	30	10	7	13	42	38	4	33.3%	37
11	レッドモンキー	30	8	13	9	31	34	-3	26.7%	37
12	トライスターイレブン	30	9	9	12	34	43	-9	30.0%	36
13	翼ブラザーズ	30	9	8	13	33	48	-15	30.0%	35
14	イエローフロッグ	30	8	9	13	32	43	-11	26.7%	33
15	シャープウォーター	30	8	8	14	29	47	-18	26.7%	32
16	東山ホープ	30	8	7	15	28	44	-16	26.7%	31
17	FCキングドラゴン	30	5	12	13	27	40	-13	16.7%	27
18	ビックチルドレン	30	7	6	17	30	51	-21	23.3%	27
19	エックスダイヤモンド	30	4	7	19	20	46	-26	13.3%	19
20	アクアマリンFC	30	2	9	19	17	44	-27	6.7%	15

成績一覧

① セル【J6】に「FCキングドラゴン」の「得失点差」を求めましょう。
次に、セル【J6】の数式をセル範囲【J7:J25】にコピーしましょう。

HINT 「得失点差」は、「得点－失点」で求めます。

② セル【K6】に「FCキングドラゴン」の「勝率」を求めましょう。
次に、セル【K6】の数式をセル範囲【K7:K25】にコピーしましょう。

HINT 「勝率」は、「勝利数÷試合数」で求めます。

③ セル範囲【K6:K25】を小数第1位までのパーセントで表示しましょう。

④ セル【L6】に「FCキングドラゴン」の「勝点」を求めましょう。
「勝利ポイント」はセル【K3】、**「引分ポイント」**はセル【L3】をそれぞれ参照して数式を入力
すること。
次に、セル【L6】の数式をセル範囲【L7:L25】にコピーしましょう。

HINT 「勝点」は、「勝利数×勝利ポイント＋引分数×引分ポイント」で求めます。

⑤ 表を**「勝点」**が大きい順に並べ替え、さらに、**「勝点」**が同じ場合は、**「得失点差」**が大きい
順に並べ替えましょう。

HINT 表を複数のキーで並べ替えるには、《データ》タブ→《並べ替えとフィルター》グループの《並べ替
え》を使います。

⑥ 並べ替え後の表の**「順位」**欄に「1」「2」「3」・・・と連番を入力しましょう。

⑦ シート**「Sheet1」**の名前を**「成績一覧」**に変更しましょう。

※ブックに「総合問題2完成」と名前を付けて、フォルダー「総合問題」に保存し、閉じておきましょう。

251

総合問題3

あなたは、ホームセンターの本部で売上集計を担当しており、各店舗のデータをもとに上期の売上を集計することになりました。
完成図のような表を作成しましょう。
※アクティブシートを切り替えて、各シートの内容を確認しておきましょう。

●完成図

	A	B	C	D	E	F	G	H	I
1		ホームセンターつばめ 上期売上							
2									単位：千円
3									
4		商品分類	月	中央店	大通り店	港町店	湖北店	競技場前店	合計
5		DIY用品	4月	10,600	13,580	12,680	9,160	8,020	54,040
6			5月	12,200	15,170	8,820	20,330	10,200	66,720
7			6月	8,820	20,330	11,120	14,560	10,000	64,830
8			7月	30,020	31,500	8,820	24,200	22,480	117,020
9			8月	29,270	17,400	8,820	20,330	14,280	90,100
10			9月	17,720	23,120	11,120	12,720	10,010	74,690
11		小計		108,630	121,100	61,380	101,300	74,990	467,400
12		園芸用品	4月	4,920	21,280	9,020	1,680	14,560	51,460
13			5月	30,920	11,120	29,600	10,000	14,920	96,560
14			6月	14,920	19,780	10,020	1,120	19,780	65,620
15			7月	17,720	14,920	8,820	24,200	14,920	80,580
16			8月	11,120	14,560	13,000	23,120	12,960	74,760
17			9月	9,490	21,280	9,140	9,040	14,560	63,510
18		小計		89,090	102,940	79,600	69,160	91,700	432,490
19		家庭用品	4月	29,600	11,600	12,640	14,280	13,360	81,480
20			5月	17,400	14,520	8,960	10,200	14,520	65,600
21			6月	12,960	12,680	9,160	10,000	20,000	64,800
22			7月	29,270	17,400	17,840	22,480	12,680	99,670
23			8月	29,600	11,600	12,640	14,280	13,360	81,480
24			9月	17,480	14,520	8,080	7,700	14,520	62,300
25		小計		136,310	82,320	69,320	78,940	88,440	455,330
26		ペット用品	4月	11,040	13,530	6,130	6,020	13,530	50,250
27			5月	14,830	11,040	6,060	6,030	11,040	49,000
28			6月	10,890	13,290	6,280	6,480	13,290	50,230
29			7月	7,580	4,740	16,740	19,200	15,960	64,220
30			8月	11,040	13,530	12,600	6,810	13,530	57,510
31			9月	14,800	11,040	6,000	6,200	11,040	49,080
32		小計		70,180	67,170	53,810	50,740	78,390	320,290
33		カー用品	4月	19,780	14,720	11,600	11,120	12,640	69,860
34			5月	9,040	14,560	14,520	9,490	8,080	55,690
35			6月	21,280	9,140	12,680	20,610	14,520	78,230
36			7月	14,520	17,720	23,120	12,960	17,480	85,800
37			8月	9,040	8,240	8,160	8,400	9,490	43,330
38			9月	14,720	18,040	21,280	14,560	13,000	81,600
39		小計		88,380	82,420	91,360	77,140	75,210	414,510
40		総計		492,590	455,950	355,470	377,280	408,730	2,090,020

上期売上　分類別集計

	商品分類	中央店	大通り店	港町店	湖北店	競技場前店	合計	構成比
1	商品分類別集計							
2								単位：千円
3								
5	DIY用品	108,630	121,100	61,380	101,300	74,990	467,400	22.4%
6	園芸用品	89,090	102,940	79,600	69,160	91,700	432,490	20.7%
7	家庭用品	136,310	82,320	69,320	78,940	88,440	455,330	21.8%
8	ペット用品	70,180	67,170	53,810	50,740	78,390	320,290	15.3%
9	カー用品	88,380	82,420	91,360	77,140	75,210	414,510	19.8%
10	合計	492,590	455,950	355,470	377,280	408,730	2,090,020	100.0%

上期売上　分類別集計　＋

① シート「上期売上」の1～4行目の見出しを固定しましょう。

② I列の「合計」欄、11行目、18行目、25行目、32行目、39行目の「小計」欄に合計を求めましょう。

③ セル範囲【D40:I40】に「総計」を求めましょう。

④ セル範囲【D5:I40】に3桁区切りカンマを付けましょう。

⑤ シート「上期売上」のシート見出しの色を「薄い青」、シート「分類別集計」のシート見出しの色を「薄い緑」にしましょう。

⑥ シート「上期売上」の分類別の小計（D～H列）を、シート「分類別集計」の表にリンク貼り付けしましょう。

⑦ シート「分類別集計」のセル【I5】に「DIY用品」の「構成比」を求める数式を入力しましょう。次に、セル【I5】の数式をセル範囲【I6:I10】にコピーしましょう。

(HINT) 「構成比」は、「各商品分類の合計÷全体の合計」で求めます。

⑧ 「構成比」を小数第1位までのパーセントで表示しましょう。

※ブックに「総合問題3完成」と名前を付けて、フォルダー「総合問題」に保存し、閉じておきましょう。

総合問題4

あなたは、マンションの管理組合で会計を担当しており、収支報告を作成することになりました。完成図のような表を作成しましょう。

※アクティブシートを切り替えて、各シートの内容を確認しておきましょう。

● 完成図

	A	B	C	D	E
1		F＆Mマンション管理組合			
2			2023年度収支報告		
3					単位：円
4				科目	金額
5		収	1	管理費	¥ 7,980,000
6		入	2	駐車料	¥ 636,000
7		の	3	自転車駐輪料	¥ 309,000
8		部	4	雑収入	¥ 45,600
9				収入計	¥ 8,970,600
10			1	管理委託費	¥ 5,245,680
11		支	2	清掃業務費	¥ 715,000
12		出	3	設備管理業務費	¥ 1,656,000
13		の	4	水道光熱費	¥ 1,380,000
14		部	5	諸経費	¥ 1,708,000
15			6	組合運営費	¥ 145,580
16				支出計	¥ 10,850,260
17					

〈 〉 2023年度 | 2024年度 | 前年度比較 | ＋

	A	B	C	D	E
1		F＆Mマンション管理組合			
2			2024年度収支報告		
3					単位：円
4				科目	金額
5		収	1	管理費	¥ 8,820,000
6		入	2	駐車料	¥ 690,000
7		の	3	自転車駐輪料	¥ 303,000
8		部	4	雑収入	¥ 15,950
9				収入計	¥ 9,828,950
10			1	管理委託費	¥ 5,170,500
11		支	2	清掃業務費	¥ 786,500
12		出	3	設備管理業務費	¥ 1,554,000
13		の	4	水道光熱費	¥ 1,976,000
14		部	5	諸経費	¥ 1,508,000
15			6	組合運営費	¥ 145,580
16				支出計	¥ 11,140,580
17					

〈 〉 2023年度 | 2024年度 | 前年度比較 | ＋

	A	B	C	D	E
1		F&Mマンション管理組合			
2				前年度比較	
3					単位：円
4				科目	増減額
5		収	1	管理費	¥ 840,000
6		入	2	駐車料	¥ 54,000
7		の	3	自転車駐輪料	¥ -6,000
8		部	4	雑収入	¥ -29,650
9				収入計	¥ 858,350
10		支	1	管理委託費	¥ -75,180
11		出	2	清掃業務費	¥ 71,500
12		の	3	設備管理業務費	¥ -102,000
13		部	4	水道光熱費	¥ 596,000
14			5	諸経費	¥ -200,000
15			6	組合運営費	¥ -
16				支出計	¥ 290,320
17					

< > 　2023年度 ｜ 2024年度 ｜ 前年度比較 ｜ +

① シート「**2024年度**」をシート「**2024年度**」の右側にコピーしましょう。
次に、コピーしたシートの名前を「**前年度比較**」に変更しましょう。

② シート「**前年度比較**」のセル【B2】を「**前年度比較**」、セル【E4】を「**増減額**」に修正しましょう。
タイトルは、セル範囲【B2:E2】の範囲内で中央に配置されています。

③ シート「**前年度比較**」のセル範囲【E5:E8】とセル範囲【E10:E15】の数値をクリアしましょう。

④ シート「**前年度比較**」のセル【E5】に、「**管理費**」の「**増減額**」を求める数式を入力しましょう。
次に、シート「**前年度比較**」のセル【E5】の数式を、セル範囲【E6:E8】とセル範囲【E10:E15】にコピーしましょう。

HINT 「増減額」は、シート「2024年度」のセル【E5】からシート「2023年度」のセル【E5】を減算して求めます。

⑤ シート「**2023年度**」「**2024年度**」「**前年度比較**」をグループに設定しましょう。

⑥ グループとして設定した3枚のシートに、次の操作を一括して行いましょう。

●セル【E3】に「**単位：円**」と入力する
●セル【E3】の「**単位：円**」を右揃えにする
●セル範囲【E5:E16】に「**会計**」の表示形式を設定する

HINT 「会計」の表示形式を設定するには、《ホーム》タブ→《数値》グループの《数値の書式》の▼を使います。

⑦ グループを解除しましょう。

※ブックに「総合問題4完成」と名前を付けて、フォルダー「総合問題」に保存し、閉じておきましょう。

255

総合問題5

あなたは、世界の年間気温を調査し、各都市を比較する資料を作成することになりました。完成図のような表とグラフを作成しましょう。

PDF 標準解答 ▶ P.19

●完成図

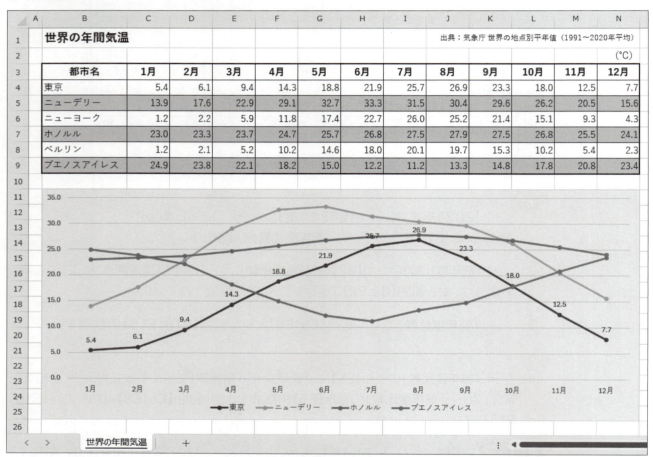

① セル範囲【C3:N3】に「1月」から「12月」までのデータを入力しましょう。

② 表全体に格子の罫線を引きましょう。

③ 表の周囲に太い罫線を引きましょう。

④ セル範囲【B3:N3】の項目名に、次の書式を設定しましょう。

フォントサイズ：12
太字
中央揃え

---

⑤ 完成図を参考に、表内を1行おきに「白、背景1、黒＋基本色15％」で塗りつぶしましょう。

⑥ セル範囲【C4:N9】の数値がすべて小数第1位まで表示されるように、表示形式を設定しましょう。

⑦ セル範囲【B3:N9】をもとに、折れ線グラフを作成しましょう。

⑧ グラフにグラフスタイル「スタイル12」を適用しましょう。

⑨ グラフタイトルを非表示にしましょう。

(HINT) グラフタイトルを非表示にするには、《グラフのデザイン》タブ→《グラフのレイアウト》グループの《グラフ要素を追加》を使います。

⑩ 作成したグラフをセル範囲【B11:N25】に配置しましょう。

⑪ グラフエリアを「白、背景1、黒＋基本色5％」で塗りつぶしましょう。

⑫ 「東京」のデータ系列の上に、データラベルを表示しましょう。

⑬ グラフに「東京」「ニューデリー」「ホノルル」「ブエノスアイレス」のデータだけを表示しましょう。

※ブックに「総合問題5完成」と名前を付けて、フォルダー「総合問題」に保存し、閉じておきましょう。

総合問題6

あなたは、音響機器メーカーで企画チームに所属しており、音楽鑑賞についての街頭調査の結果を報告する資料を作成することになりました。
完成図のような表とグラフを作成しましょう。

●完成図

	A	B	C	D	E	F	G	H	I
1	音楽鑑賞についての調査								
2		■質問内容：あなたはどんなときに音楽を聴いていますか？（複数回答可）							
3		■調査方法：札幌駅、仙台駅、品川駅、金沢駅、梅田駅、博多駅の駅前広場での街頭調査							
4		■調査期間：2024年12月1日～2024年12月5日							
5		■調査人数：計3,000人（各駅100人/日）							
6									
7		回答	20～29歳	30～39歳	40～49歳	50～59歳	60～69歳	70歳以上	合計
8		通勤・通学などの移動時間	421	372	351	336	124	65	1,669
9		休憩時間やリラックスしているとき	153	177	195	303	333	340	1,501
10		夜寝る前	264	201	172	130	177	198	1,142
11		仕事・勉強・家事をするとき	211	153	132	136	91	78	801
12		コンサートやライブに行って聴く	174	142	130	115	107	73	741
13		朝起きた後	105	71	65	98	165	83	587
14		普段音楽は聴かない	20	42	58	69	87	142	418
15		合計	1,348	1,158	1,103	1,187	1,084	979	6,859

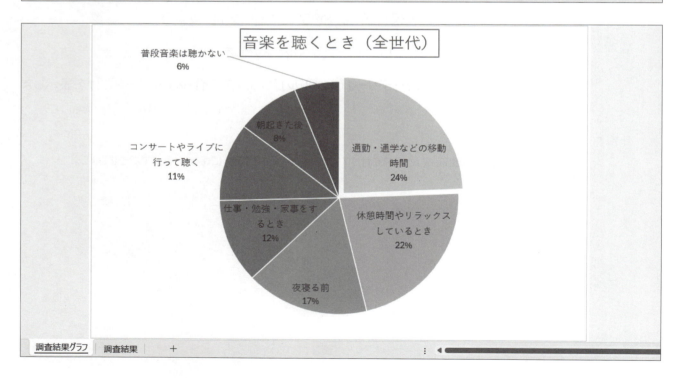

① 表内の「**合計**」のセルに関数を入力して、表を完成させましょう。

② セル範囲【**B7：I14**】のデータを、I列の合計が大きい順に並べ替えましょう。

HINT 表の一部分を並べ替えるには、並べ替え対象のセル範囲を選択して、《データ》タブ→《並べ替えとフィルター》グループの《並べ替え》を使います。

③ セル範囲【**B8：B14**】とセル範囲【**I8：I14**】をもとに、円グラフを作成しましょう。

④ シート上のグラフをグラフシートに移動しましょう。グラフシートの名前は「**調査結果グラフ**」にします。

⑤ グラフタイトルに「**音楽を聴くとき（全世代）**」と入力しましょう。

⑥ グラフのレイアウトを「**レイアウト1**」に変更しましょう。

HINT グラフのレイアウトを変更するには、《グラフのデザイン》タブ→《グラフのレイアウト》グループの《クイックレイアウト》を使います。

⑦ グラフの色を「**モノクロパレット9**」に変更しましょう。

⑧ グラフタイトルのフォントサイズを「**24**」、データラベルのフォントサイズを「**14**」に変更しましょう。

⑨ グラフタイトルに次の枠線を付けましょう。

枠線の色 ：オレンジ、アクセント2
枠線の太さ：1.5pt

HINT 枠線の色や太さを設定するには、《書式》タブ→《図形のスタイル》グループの《図形の枠線》を使います。

⑩ 「**通勤・通学などの移動時間**」のデータ要素を切り離して、強調しましょう。

※ブックに「総合問題6完成」と名前を付けて、フォルダー「総合問題」に保存し、閉じておきましょう。

総合問題7

あなたは、スポーツクラブの会員情報を管理しており、クーポンやダイレクトメールを出すための準備をすることになりました。
完成図のような表を作成しましょう。
※アクティブシートを切り替えて、各シートの内容を確認しておきましょう。

●完成図

	A	B	C	D	E	F	G	H	I	J	K
1		24Hour Sports 会員一覧									
2											
3		会員No.	氏名	姓	名	会員種別	郵便番号	住所	生年月日	誕生月	クーポン発行
4		20240004	青山 小夜子	青山	小夜子	一般	160-00XX	東京都新宿区四谷3-4-X	1989年7月17日	7月	○
5		20240005	池村 秋生	池村	秋生	一般	101-00XX	東京都千代田区外神田8-9-X	1989年4月1日	4月	
6		20250017	池村 真	池村	真	一般	236-00XX	神奈川県横浜市金沢区洲崎町3-4-X	1994年9月20日	9月	
7		20250006	石川 七美子	石川	七美子	ゴールド	220-00XX	神奈川県横浜市西区みなとみらい2-1-X	1995年9月17日	9月	
8		20250005	牛村 智輝	牛村	智輝	一般	100-00XX	東京都千代田区大手町3-1-X	1981年8月14日	8月	
9		20250008	尾崎 かなで	尾崎	かなで	プレミア	231-00XX	神奈川県横浜市中区桜木町1-4-X	1995年11月18日	11月	
10		20240001	小田 湊	小田	湊	ゴールド	143-00XX	東京都大田区新蒲田1-5-X	1986年5月26日	5月	
11		20240010	角田 典登	角田	典登	一般	251-00XX	神奈川県藤沢市川名1-5-X	1983年12月12日	12月	
12		20250018	金子 竜治	金子	竜治	ゴールド	251-00XX	神奈川県藤沢市辻堂1-3-X	1991年7月21日	7月	○
13		20240003	河野 美樹	河野	美樹	ゴールド	220-00XX	神奈川県横浜市西区高島2-16-X	1973年12月16日	12月	
14		20250003	神田 美和	神田	美和	一般	223-00XX	神奈川県横浜市港北区日吉1-8-X	1992年8月20日	8月	
15		20250009	喜多村 真平	喜多村	真平	一般	230-00XX	神奈川県横浜市鶴見区鶴見中央5-1-X	1981年6月22日	6月	○
16		20250010	木村 祥子	木村	祥子	一般	236-00XX	神奈川県横浜市金沢区釜利谷東2-2-X	1996年9月19日	9月	
17		20240006	鈴木 遥香	鈴木	遥香	一般	241-00XX	神奈川県横浜市旭区柏町1-4-X	1993年11月9日	11月	
18		20250019	髙津 里桜	髙津	里桜	一般	105-00XX	東京都港区芝公園1-1-X	1991年6月25日	6月	○
19		20250004	田中 美羽	田中	美羽	ゴールド	113-00XX	東京都文京区根津2-5-X	1973年11月23日	11月	
20		20250011	谷口 碧	谷口	碧	一般	150-00XX	東京都渋谷区恵比寿4-6-X	1992年3月16日	3月	
21		20250015	田村 芽衣	田村	芽衣	一般	101-00XX	東京都千代田区内神田1-3-X	1973年6月23日	6月	○
22		20250014	千葉 愛実	千葉	愛実	ゴールド	166-00XX	東京都杉並区阿佐谷南2-6-X	1994年5月14日	5月	
23		20240008	中沢 幹太	中沢	幹太	一般	231-00XX	神奈川県横浜市中区扇町1-2-X	1991年7月21日	7月	○
24		20240009	中溝 由希	中溝	由希	一般	150-00XX	東京都渋谷区広尾5-14-X	1994年10月18日	10月	
25		20250002	西 英好	西	英好	一般	106-00XX	東京都港区麻布十番3-3-X	2002年2月24日	2月	
26		20250007	新田 久幸	新田	久幸	一般	160-00XX	東京都新宿区西新宿2-5-X	1990年7月20日	7月	○
27		20240007	野口 毅	野口	毅	一般	231-00XX	神奈川県横浜市中区石川町6-4-X	1999年4月29日	4月	
28		20240011	早川 さつき	早川	さつき	プレミア	249-00XX	神奈川県逗子市逗子5-4-X	1994年10月9日	10月	
29		20250016	林 加奈子	林	加奈子	一般	231-00XX	神奈川県横浜市中区山下町2-5-X	1979年5月16日	5月	
30		20240002	春田 優花	春田	優花	一般	222-00XX	神奈川県横浜市港北区篠原東1-8-X	1996年1月4日	1月	
31		20250013	丸川 文乃	丸川	文乃	一般	100-00XX	東京都千代田区丸の内6-2-X	1993年12月28日	12月	
32		20250001	水野 麻里	水野	麻里	一般	107-00XX	東京都港区南青山2-4-X	2000年4月24日	4月	
33		20250012	南 義行	南	義行	プレミア	249-00XX	神奈川県逗子市新宿3-4-X	1983年1月30日	1月	

会員一覧 / 特別会員

会員No.	氏名	姓	名	会員種別	郵便番号	住所	生年月日	誕生月	クーポン発行
20250006	石川 七美子	石川	七美子	ゴールド	220-00XX	神奈川県横浜市西区みなとみらい2-1-X	1995年9月17日	9月	
20250008	尾崎 かなで	尾崎	かなで	プレミア	231-00XX	神奈川県横浜市中区桜木町1-4-X	1995年11月18日	11月	
20240001	小田 湊	小田	湊	ゴールド	143-00XX	東京都大田区新蒲田1-5-X	1986年5月26日	5月	
20250018	金子 竜治	金子	竜治	ゴールド	251-00XX	神奈川県藤沢市辻堂1-3-X	1991年7月21日	7月	
20240003	河野 美樹	河野	美樹	ゴールド	220-00XX	神奈川県横浜市西区高島2-16-X	1973年12月16日	12月	
20250004	田中 美羽	田中	美羽	ゴールド	113-00XX	東京都文京区根津2-5-X	1973年11月23日	11月	
20250014	千葉 愛実	千葉	愛実	ゴールド	166-00XX	東京都杉並区阿佐谷南2-6-X	1994年5月14日	5月	
20240011	早川 さつき	早川	さつき	プレミア	249-00XX	神奈川県逗子市逗子5-4-X	1994年10月9日	10月	
20250012	南 義行	南	義行	プレミア	249-00XX	神奈川県逗子市新宿3-4-X	1983年1月30日	1月	

24Hour Sports 特別会員

< > 　会員一覧　特別会員　+

① シート「**会員一覧**」の表をテーブルに変換しましょう。

② テーブルに、テーブルスタイル「**緑,テーブルスタイル(中間)7**」を適用しましょう。

③ フラッシュフィルを使って、シート「**会員一覧**」のセル範囲【D4:D33】に「氏名」から姓の部分だけを取り出したデータを入力しましょう。
次に、セル範囲【E4:E33】に「氏名」から名の部分だけを取り出したデータを入力しましょう。

④ フラッシュフィルを使って、シート「**会員一覧**」のセル範囲【J4:J33】に「**生年月日**」から「**〇月**」の部分だけを取り出したデータを入力しましょう。

⑤ 「**氏名**」のふりがなを表示し、ひらがなで表示されるように設定しましょう。

⑥ 「**氏名**」を五十音順(あ→ん)に並べ替えましょう。

⑦ 「**住所**」に「**横浜市**」が含まれるレコードを抽出しましょう。
※抽出後、フィルターの条件をクリアしておきましょう。

⑧ 「**生年月日**」が1995年以降のレコードを抽出しましょう。

(HINT) 《カスタムオートフィルター》ダイアログボックスで《以降》を選択します。
※抽出後、フィルターの条件をクリアしておきましょう。

⑨ 「**会員種別**」が「**プレミア**」または「**ゴールド**」のレコードを抽出しましょう。
次に、抽出結果のレコードをシート「**特別会員**」のセル【B4】を開始位置としてコピーしましょう。
※コピー後、シート「会員一覧」に切り替えて、フィルターの条件をクリアしておきましょう。

⑩ シート「**会員一覧**」の「**誕生月**」が「**6月**」または「**7月**」のレコードを抽出しましょう。
次に、抽出結果の「**クーポン発行**」のセルに「**〇**」を入力しましょう。
※「〇」は「まる」と入力して変換します。
※抽出後、フィルターの条件をクリアしておきましょう。

※ブックに「総合問題7完成」と名前を付けて、フォルダー「総合問題」に保存し、閉じておきましょう。

総合問題　実践問題　索引

 # 総合問題8

 PDF 標準解答 ▶ P.25

 あなたは、マーケティング本部に所属しており、本部で所有しているソフトウェアの情報を整理することになりました。
完成図のような表を作成しましょう。

● 完成図

	A	B	C	D	E	F	G	H	I
1		マーケティング本部　所有ソフトウェア管理表							
2									
3			所有ソフトウェア総数		31				
4			管理チェック済数		9				
5									
6		管理番号	ソフトウェア名	メーカー名	分類	購入形態	利用者名	購入日	管理チェック
7		20190004	すいすいメール7	つばきシステム	メール配信	パッケージ	石垣	2019/4/24	
8		20200023	イラストマスター2	カトレアジャパン	イラスト	ダウンロード	吉崎	2020/7/6	○
9		20200029	イラストマスター2	カトレアジャパン	イラスト	ダウンロード	八橋	2020/8/31	
10		20210001	レタッチプロ2019	ライム開発	画像編集	パッケージ	沢井	2021/4/28	
11		20210005	すいすい校正4	つばきシステム	文書作成	パッケージ	水川	2021/5/27	
12		20210006	すいすい校正4	つばきシステム	文書作成	パッケージ	米津	2021/5/27	○
13		20210009	ビジネスフォント集	カエデ・ラボ	フォント	パッケージ	岡	2021/8/21	
14		20210010	ビジネスフォント集	カエデ・ラボ	フォント	パッケージ	坂本	2021/8/21	
15		20210013	アセロラムービー4	アセロラソフト	動画編集	ダウンロード	野村	2021/9/8	
16		20210014	アセロラWeb5	アセロラソフト	Web制作	ダウンロード	吉崎	2021/10/31	○
17		20210016	手書き風フォント集	カエデ・ラボ	フォント	パッケージ	大野	2021/12/19	○
18		20220001	レタッチプロ2020	ライム開発	画像編集	パッケージ	野村	2022/4/5	
19		20220007	著作権フリーBGM集	カエデ・ラボ	音源	パッケージ	笹本	2022/6/9	○
20		20220013	ビジネスフォント集2	カエデ・ラボ	フォント	パッケージ	久保田	2022/7/6	
21		20220016	すいすいPDF4	つばきシステム	文書作成	パッケージ	水川	2022/10/1	
22		20220017	すいすいPDF4	つばきシステム	文書作成	パッケージ	木谷	2022/10/1	
23		20230002	すいすいPDF4plus	つばきシステム	文書作成	パッケージ	藤原	2023/6/13	
24		20230004	レタッチプロ2021	ライム開発	画像編集	パッケージ	岡	2023/9/4	
25		20230009	レタッチプロ2021	ライム開発	画像編集	パッケージ	大野	2023/10/1	○
26		20230011	ベスト会計forクラウド	花月システムズ	会計	クラウド	木谷	2023/10/18	
27		20230012	ベスト会計forクラウド	花月システムズ	会計	クラウド	香野	2023/10/18	○
28		20230015	アセロラWeb6	アセロラソフト	Web制作	ダウンロード	沢井	2023/10/31	
29		20230020	レタッチプロ2021	ライム開発	画像編集	パッケージ	佐々木	2023/11/8	
30		20230021	アセロラムービー6	アセロラソフト	動画編集	パッケージ	久保田	2023/12/15	
31		20240001	イラストマスター3.1	カトレアジャパン	イラスト	ダウンロード	坂本	2024/4/7	
32		20240002	イラストマスター3.1	カトレアジャパン	イラスト	ダウンロード	大野	2024/4/7	
33		20240003	すいすい校正Online	つばきシステム	文書作成	クラウド	川崎	2024/5/9	○
34		20240004	すいすい校正Online	つばきシステム	文書作成	クラウド	石垣	2024/5/21	
35		20240005	アセロラWeb6	アセロラソフト	Web制作	ダウンロード	大野	2024/5/26	
36		20240006	イラストマスター3.1	カトレアジャパン	イラスト	ダウンロード	岡	2024/5/30	
37		20240007	ベスト会計forクラウド	花月システムズ	会計	クラウド	小杉	2024/7/1	○

① セル【D3】に「所有ソフトウェア総数」を求めましょう。
「所有ソフトウェア総数」は、「管理番号」の個数を数えて求めます。

② セル【D4】に「管理チェック済数」を求めましょう。
「管理チェック済数」は、「管理チェック」の「○」の個数を数えて求めます。

③ 表の最終行の書式を下の行にコピーしましょう。

④ 37行目に次のデータを追加しましょう。

セル【B37】： 20240007
セル【C37】： ベスト会計forクラウド
セル【D37】： 花月システムズ
セル【E37】： 会計
セル【F37】： クラウド
セル【G37】： 小杉
セル【H37】： 2024/7/1
セル【I37】： ○

※「○」は「まる」と入力して変換します。

⑤ セル【D3】の「所有ソフトウェア総数」の数式が正しい範囲を参照するように、数式を修正しましょう。

⑥ セル【D4】の「管理チェック済数」の数式が正しい範囲を参照するように、数式を修正しましょう。

⑦ 「動画編集」と入力されているセルの書式を、次の書式に置換しましょう。

太字
フォントの色：赤

※ブックに「総合問題8完成」と名前を付けて、フォルダー「総合問題」に保存し、閉じておきましょう。

263

総合問題9

あなたは、家計簿を作成することになりました。費目ごとに支出金額を入力するだけで、各月と年間の支出が自動的に集計されるようにします。
完成図のような表を作成しましょう。
※アクティブシートを切り替えて、各シートの内容を確認しておきましょう。

● 完成図

	A	B	C	D	E	F	G	H	I	J	K	L	M
1		家計簿											2025年1月
2													
3		日付	曜日	食費	住居	医療	通信光熱	被服	交際	娯楽	保険	合計	累計
4		1月1日	水						4,000			¥4,000	¥4,000
5		1月2日	木	1,023								¥1,023	¥5,023
6		1月3日	金									¥0	¥5,023
7		1月4日	土	1,592								¥1,592	¥6,615
8		1月5日	日				13,480			500		¥13,980	¥20,595
9		1月6日	月									¥0	¥20,595
10		1月7日	火	2,572								¥2,572	¥23,167
11		1月8日	水									¥0	¥23,167
12		1月9日	木									¥0	¥23,167
13		1月10日	金									¥0	¥23,167
14		1月11日	土							1,800		¥1,800	¥24,967
15		1月12日	日				10,530					¥10,530	¥35,497
16		1月13日	月	2,460								¥2,460	¥37,957
17		1月14日	火	1,983								¥1,983	¥39,940
18		1月15日	水									¥0	¥39,940
19		1月16日	木			1,800			5,000			¥6,800	¥46,740
20		1月17日	金									¥0	¥46,740
21		1月18日	土									¥0	¥46,740
22		1月19日	日									¥0	¥46,740
23		1月20日	月	3,735								¥3,735	¥50,475
24		1月21日	火									¥0	¥50,475
25		1月22日	水									¥0	¥50,475
26		1月23日	木						4,900			¥4,900	¥55,375
27		1月24日	金			900						¥900	¥56,275
28		1月25日	土	5,610								¥5,610	¥61,885
29		1月26日	日		65,000						7,000	¥72,000	¥133,885
30		1月27日	月									¥0	¥133,885
31		1月28日	火									¥0	¥133,885
32		1月29日	水									¥0	¥133,885
33		1月30日	木				4,000					¥4,000	¥137,885
34		1月31日	金	4,560								¥4,560	¥142,445
35		費目合計		¥23,535	¥65,000	¥2,700	¥28,010	¥4,900	¥9,000	¥2,300	¥7,000	¥142,445	
36													

1月 2月 年間集計

	A	B	C	D	E	F	G	H	I	J	K	L	M
1		家計簿											2025年2月
2													
3		日付	曜日	食費	住居	医療	通信光熱	被服	交際	娯楽	保険	合計	累計
4		2月1日	土									¥0	¥0
5		2月2日	日									¥0	¥0
6		2月3日	月									¥0	¥0
7		2月4日	火									¥0	¥0
8		2月5日	水									¥0	¥0
9		2月6日	木									¥0	¥0
10		2月7日	金									¥0	¥0
11		2月8日	土									¥0	¥0
12		2月9日	日									¥0	¥0
13		2月10日	月									¥0	¥0
14		2月11日	火									¥0	¥0
15		2月12日	水									¥0	¥0
16		2月13日	木									¥0	¥0
17		2月14日	金									¥0	¥0
18		2月15日	土									¥0	¥0
19		2月16日	日									¥0	¥0
20		2月17日	月									¥0	¥0
21		2月18日	火									¥0	¥0
22		2月19日	水									¥0	¥0
23		2月20日	木									¥0	¥0
24		2月21日	金									¥0	¥0
25		2月22日	土									¥0	¥0
26		2月23日	日									¥0	¥0
27		2月24日	月									¥0	¥0
28		2月25日	火									¥0	¥0
29		2月26日	水									¥0	¥0
30		2月27日	木									¥0	¥0
31		2月28日	金									¥0	¥0
32		費目合計		¥0	¥0	¥0	¥0	¥0	¥0	¥0	¥0	¥0	
33													

1月 2月 年間集計

	月	食費	住居	医療	通信光熱	被服	交際	娯楽	保険	合計
1	家計簿									
3	月	食費	住居	医療	通信光熱	被服	交際	娯楽	保険	合計
4	1月	¥23,535	¥65,000	¥2,700	¥28,010	¥4,900	¥9,000	¥2,300	¥7,000	¥142,445
5	2月	¥0	¥0	¥0	¥0	¥0	¥0	¥0	¥0	¥0
6	3月									¥0
7	4月									¥0
8	5月									¥0
9	6月									¥0
10	7月									¥0
11	8月									¥0
12	9月									¥0
13	10月									¥0
14	11月									¥0
15	12月									¥0
16	年間合計	¥23,535	¥65,000	¥2,700	¥28,010	¥4,900	¥9,000	¥2,300	¥7,000	¥142,445

1月　2月　年間集計　＋

① シート「1月」の1～3行目の見出しを固定しましょう。

② セル【M1】に、セル【B4】を参照する数式を入力しましょう。
次に、セル【M1】の表示形式を「2025年1月」と表示されるように設定しましょう。

HINT 表示形式を設定するには、《ホーム》タブ→《数値》グループの（表示形式）→《セルの書式設定》ダイアログボックスを使います。

③ セル【M4】に、セル【L4】を参照する数式を入力しましょう。

④ セル【M5】に、セル【M4】とセル【L5】を加算する数式を入力しましょう。
次に、セル【M5】の数式をセル範囲【M6:M34】にコピーしましょう。

⑤ セル範囲【D4:K34】に3桁区切りカンマを付けましょう。
次に、セル範囲【L4:M34】とセル範囲【D35:L35】に通貨記号の「¥」と3桁区切りカンマを付けましょう。

⑥ シート「1月」をシート「1月」とシート「年間集計」の間にコピーしましょう。
次に、コピーしたシートの名前を「2月」に変更しましょう。

⑦ シート「2月」のセル範囲【B4:K34】のデータをクリアしましょう。

⑧ シート「2月」のセル【B4】に「2月1日」、セル【C4】に「土」と入力しましょう。
次に、オートフィルを使って、日付と曜日を完成させましょう。

⑨ シート「2月」の32～34行目を削除しましょう。

⑩ シート「年間集計」のセル【C4】に、シート「1月」のセル【D35】を参照する数式を入力しましょう。
次に、シート「年間集計」のセル【C4】の数式を、セル範囲【D4:J4】にコピーしましょう。

⑪ シート「年間集計」のセル【C5】に、シート「2月」のセル【D32】を参照する数式を入力しましょう。
次に、シート「年間集計」のセル【C5】の数式を、セル範囲【D5:J5】にコピーしましょう。

⑫ シート「年間集計」のシート見出しの色を「オレンジ、アクセント2」にしましょう。

※ブックに「総合問題9完成」と名前を付けて、フォルダー「総合問題」に保存し、閉じておきましょう。

 # 総合問題10

PDF 標準解答 ▶ P.29

OPEN

あなたは、本社のマーケティング部に所属しており、人口統計データをもとに、新商品のサンプル配布地区の検討をすることになりました。
完成図のような表を作成しましょう。

※アクティブシートを切り替えて、各シートの内容を確認しておきましょう。

●完成図

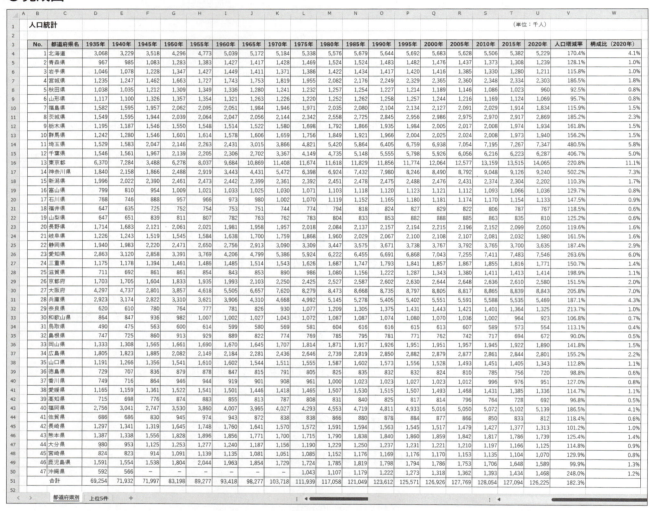

出典：人口推計「都道府県別人口」（総務省統計局）

人口統計　　都道府県別

No.	都道府県名	1935年	1940年	1945年	1950年	1955年	1960年	1965年	1970年	1975年	1980年	1985年
1	北海道	3,068	3,229	3,518	4,296	4,773	5,039	5,172	5,184	5,338	5,576	5,679
2	青森県	967	985	1,083	1,283	1,383	1,427	1,417	1,428	1,469	1,524	1,524
3	岩手県	1,046	1,078	1,228	1,347	1,427	1,449	1,411	1,371	1,386	1,422	1,434
4	宮城県	1,235	1,247	1,462	1,663	1,727	1,743	1,753	1,819	1,955	2,082	2,176
5	秋田県	1,038	1,035	1,211	1,309	1,349	1,336	1,280	1,241	1,232	1,257	1,254
6	山形県	1,117	1,100	1,326	1,357	1,354	1,321	1,263	1,226	1,220	1,252	1,262
7	福島県	1,582	1,595	1,957	2,062	2,095	2,051	1,984	1,946	1,971	2,035	2,080
8	茨城県	1,549	1,595	1,944	2,039	2,064	2,047	2,056	2,144	2,342	2,558	2,725
9	栃木県	1,195	1,187	1,546	1,550	1,548	1,514	1,522	1,580	1,698	1,792	1,866
10	群馬県	1,242	1,280	1,546	1,601	1,614	1,578	1,606	1,659	1,756	1,849	1,921
11	埼玉県	1,529	1,583	2,047	2,146	2,263	2,431	3,015	3,866	4,821	5,420	5,864
12	千葉県	1,546	1,561	1,967	2,139	2,205	2,306	2,702	3,367	4,149	4,735	5,148
13	東京都	6,370	7,284	3,488	6,278	8,037	9,684	10,869	11,408	11,674	11,618	11,829
14	神奈川県	1,840	2,158	1,866	2,488	2,919	3,443	4,431	5,472	6,398	6,924	7,432
15	新潟県	1,996	2,022	2,390	2,461	2,473	2,442	2,399	2,361	2,392	2,451	2,478
16	富山県	799	810	954	1,009	1,021	1,033	1,025	1,030	1,071	1,103	1,118
17	石川県	768	746	888	957	966	973	980	1,002	1,070	1,119	1,152
18	福井県	647	635	725	752	754	753	751	744	774	794	818
19	山梨県	647	651	839	811	807	782	763	762	783	804	833
20	長野県	1,714	1,683	2,121	2,061	2,021	1,981	1,958	1,957	2,018	2,084	2,137
21	岐阜県	1,226	1,243	1,519	1,545	1,584	1,638	1,700	1,759	1,868	1,960	2,029
22	静岡県	1,940	1,983	2,220	2,471	2,650	2,756	2,913	3,090	3,309	3,447	3,575
23	愛知県	2,863	3,120	2,858	3,391	3,769	4,206	4,799	5,386	5,924	6,222	6,455
24	三重県	1,175	1,178	1,394	1,461	1,486	1,485	1,514	1,543	1,626	1,687	1,747
25	滋賀県	711	692	861	861	854	843	853	890	986	1,080	1,156
26	京都府	1,703	1,705	1,604	1,833	1,935	1,993	2,103	2,250	2,425	2,527	2,587
27	大阪府	4,297	4,737	2,801	3,857	4,618	5,505	6,657	7,620	8,279	8,473	8,668
28	兵庫県	2,923	3,174	2,822	3,310	3,621	3,906	4,310	4,668	4,992	5,145	5,278
29	奈良県	620	610	780	764	777	781	826	930	1,077	1,209	1,305
30	和歌山県	864	847	936	982	1,007	1,002	1,027	1,043	1,072	1,087	1,087
31	鳥取県	490	475	563	600	614	599	580	569	581	604	616
32	島根県	747	725	860	913	929	889	822	774	769	785	795
33	岡山県	1,333	1,308	1,565	1,661	1,690	1,670	1,645	1,707	1,814	1,871	1,917
34	広島県	1,805	1,823	1,885	2,082	2,149	2,184	2,281	2,436	2,646	2,739	2,849
35	山口県	1,191	1,266	1,356	1,541	1,610	1,602	1,544	1,511	1,555	1,587	1,602
36	徳島県	729	707	836	879	878	847	815	791	805	825	835
37	香川県	749	716	864	946	944	919	901	908	961	1,000	1,023
38	愛媛県	1,165	1,159	1,361	1,522	1,541	1,501	1,446	1,418	1,465	1,507	1,530
39	高知県	715	698	776	874	883	855	813	787	808	831	840
40	福岡県	2,756	3,041	2,747	3,530	3,860	4,007	3,965	4,0			
41	佐賀県	686	686	830	945	974	943	872				
42	長崎県	1,297	1,341	1,319	1,645	1,748	1,760	1,641	1,5			
43	熊本県	1,387	1,338	1,556	1,828	1,896	1,856	1,771	1,7			
44	大分県	980	953	1,125	1,253	1,277	1,240	1,187	1,1			
45	宮崎県	824	823	914	1,091	1,139	1,135	1,081	1,0			
46	鹿児島県	1,591	1,554	1,538	1,804	2,044	1,963	1,854	1,7			
47	沖縄県	592	566	–	–	–	–					
	合計	69,254	71,932	71,997	83,198	89,277	93,418	98,277	103,7			

人口統計　　都道府県別　　（単位：千人）

No.	都道府県名	1990年	1995年	2000年	2005年	2010年	2015年	2020年	人口増減率	構成比（2020年）
1	北海道	5,644	5,692	5,683	5,628	5,506	5,382	5,229	170.4%	4.1%
2	青森県	1,483	1,482	1,476	1,437	1,373	1,308	1,239	128.1%	1.0%
3	岩手県	1,417	1,420	1,416	1,385	1,330	1,280	1,211	115.8%	1.0%
4	宮城県	2,249	2,329	2,365	2,360	2,348	2,334	2,303	186.5%	1.8%
5	秋田県	1,227	1,214	1,189	1,146	1,086	1,023	960	92.5%	0.8%
6	山形県	1,258	1,257	1,244	1,216	1,169	1,124	1,069	95.7%	0.8%
7	福島県	2,104	2,134	2,127	2,091	2,029	1,914	1,834	115.9%	1.5%
8	茨城県	2,845	2,956	2,986	2,975	2,970	2,917	2,869	185.2%	2.3%
9	栃木県	1,935	1,984	2,005	2,017	2,008	1,974	1,934	161.8%	1.5%
10	群馬県	1,966	2,004	2,025	2,024	2,008	1,973	1,940	156.2%	1.5%
11	埼玉県	6,405	6,759	6,938	7,054	7,195	7,267	7,347	480.5%	5.8%
12	千葉県	5,555	5,798	5,926	6,056	6,216	6,223	6,287	406.7%	5.0%
13	東京都	11,856	11,774	12,064	12,577	13,159	13,515	14,065	220.8%	11.1%
14	神奈川県	7,980	8,246	8,490	8,792	9,048	9,126	9,240	502.2%	7.3%
15	新潟県	2,475	2,488	2,476	2,431	2,374	2,304	2,202	110.3%	1.7%
16	富山県	1,120	1,123	1,121	1,112	1,093	1,066	1,036	129.7%	0.8%
17	石川県	1,165	1,180	1,181	1,174	1,170	1,154	1,133	147.5%	0.9%
18	福井県	824	827	829	822	806	787	767	118.5%	0.6%
19	山梨県	853	882	888	885	863	835	810	125.2%	0.6%
20	長野県	2,157	2,194	2,215	2,196	2,152	2,099	2,050	119.6%	1.6%
21	岐阜県	2,067	2,100	2,108	2,107	2,081	2,032	1,980	161.5%	1.6%
22	静岡県	3,671	3,738	3,767	3,792	3,765	3,700	3,635	187.4%	2.9%
23	愛知県	6,691	6,868	7,043	7,255	7,411	7,483	7,546	263.6%	6.0%
24	三重県	1,793	1,841	1,857	1,867	1,855	1,816	1,771	150.7%	1.4%
25	滋賀県	1,222	1,287	1,343	1,380	1,411	1,413	1,414	198.9%	1.1%
26	京都府	2,602	2,630	2,644	2,648	2,636	2,610	2,580	151.5%	2.0%
27	大阪府	8,735	8,797	8,805	8,817	8,865	8,839	8,843	205.8%	7.0%
28	兵庫県	5,405	5,402	5,551	5,591	5,588	5,535	5,469	187.1%	4.3%
29	奈良県	1,375	1,431	1,443	1,421	1,401	1,364	1,325	213.7%	1.0%
30	和歌山県	1,074	1,080	1,070	1,036	1,002	964	923	106.8%	0.7%
31	鳥取県	616	615	613	607	589	573	554	113.1%	0.4%
32	島根県	781	771	762	742	717	694	672	90.0%	0.5%
33	岡山県	1,926	1,951	1,951	1,957	1,945	1,922	1,890	141.8%	1.5%
34	広島県	2,850	2,882	2,879	2,877	2,861	2,844	2,801	155.2%	2.2%
35	山口県	1,573	1,556	1,528	1,493	1,451	1,405	1,343	112.8%	1.1%
36	徳島県	832	832	824	810	785	756	720	98.8%	0.6%
37	香川県	1,023	1,027	1,023	1,012	996	976	951	127.0%	0.8%
38	愛媛県	1,515	1,507	1,493	1,468	1,431	1,385	1,336	114.7%	1.1%
39	高知県	825	817	814	796	764	728	692	96.8%	0.5%
40	福岡県	4,811	4,933	5,016	5,050	5,072	5,102	5,139	186.5%	4.1%
41	佐賀県	878	884	877	866	850	833	812	118.4%	0.6%
42	長崎県	1,563	1,545	1,517	1,479	1,427	1,377	1,313	101.2%	1.0%
43	熊本県	1,840	1,860	1,859	1,842	1,817	1,786	1,739	125.4%	1.4%
44	大分県	1,237	1,231	1,221	1,210	1,197	1,166	1,125	114.8%	0.9%
45	宮崎県	1,169	1,176	1,170	1,153	1,135	1,104	1,070	129.9%	0.8%
46	鹿児島県	1,798	1,794	1,786	1,753	1,706	1,648	1,589	99.9%	1.3%
47	沖縄県	1,222	1,273	1,318	1,362	1,393	1,434	1,468	248.0%	1.2%
	合計	123,612	125,571	126,926	127,769	128,054	127,094	126,225	182.3%	

① シート「**都道府県別**」のE～T列を非表示にしましょう。

② セル【V4】に、1935年から2020年までの「**人口増減率**」を求める数式を入力しましょう。
数式はスピルを使って、セル範囲【V4:V51】に結果が表示されるようにします。

HINT 「人口増減率」は、「2020年の人口÷1935年の人口」で求めます。

③ セル【W4】に、「**構成比（2020年）**」を求める数式を入力しましょう。
数式はスピルを使って、セル範囲【W4:W50】に結果が表示されるようにします。

HINT 「構成比」は、2020年の「各都道府県の人口÷合計」で求めます。

④ 表内の「**人口増減率**」と「**構成比（2020年）**」を小数第1位までのパーセントで表示しましょう。

⑤ 「**人口増減率**」が高い上位5都道府県のレコードを抽出しましょう。

HINT 表のレコードを抽出するには、《データ》タブ→《並べ替えとフィルター》グループの《フィルター》を使います。

⑥ ⑤の抽出結果のレコードのうち「**都道府県名**」と「**人口増減率**」を、シート「**上位5件**」のセル【B4】を開始位置としてコピーしましょう。

⑦ シート「**上位5件**」の表を「**人口増減率**」の降順に並べ替えましょう。

HINT 表を並べ替えるには、《データ》タブ→《並べ替えとフィルター》グループのボタンを使います。

※並べ替え後、シート「都道府県別」に切り替えて、フィルターモードを解除しておきましょう。

⑧ シート「**都道府県別**」のE～T列を再表示しましょう。

⑨ ページレイアウトに切り替えて、シート「**都道府県別**」が次の設定で印刷されるようにページを設定しましょう。

用紙サイズ	：A4
用紙の向き	：縦
余白	：狭い
印刷タイトル	：B～C列
ヘッダー右側	：シート名
フッター右側	：ページ番号

⑩ 改ページプレビューに切り替えて、シート「**都道府県別**」の合計（51行目）までが1ページ目に入るように設定しましょう。A列を印刷範囲から除きます。
次に、1部印刷しましょう。

※印刷後、標準の表示モードに切り替えておきましょう。

⑪ シート「**都道府県別**」をPDFファイルとして、「**人口統計**」と名前を付けて、フォルダー「**総合問題**」に保存しましょう。保存後、PDFファイルを表示しましょう。

※PDFファイルを閉じておきましょう。

※ブックに「総合問題10完成」と名前を付けて、フォルダー「総合問題」に保存し、閉じておきましょう。

実践問題

実践問題をはじめる前に ………………………………………… 270
実践問題1 ……………………………………………………… 271
実践問題2 ……………………………………………………… 272

実践問題をはじめる前に

本書の学習の仕上げに、実践問題にチャレンジしてみましょう。
実践問題は、ビジネスシーンにおける上司や先輩からの指示・アドバイスをもとに、求められる結果を導き出すためのExcelの操作方法を自ら考えて解く問題です。
次の流れを参考に、自分に合ったやり方で、実践問題に挑戦してみましょう。

1 状況や指示・アドバイスを把握する

まずは、ビジネスシーンの状況と、上司や先輩からの指示・アドバイスを確認しましょう。

2 条件を確認する

問題文だけでは判断しにくい内容や、補足する内容を「条件」として記載しています。この条件に従って、操作をはじめましょう。
完成例と同じに仕上げる必要はありません。自分で最適と思える方法で操作してみましょう。

3 完成例・アドバイス・操作手順を確認する

最後に、標準解答で、完成例とアドバイスを確認しましょう。アドバイスには、完成例のとおりに作成する場合の効率的な操作方法や、操作するときに気を付けたい点などを記載しています。
自力で操作できなかった部分は、操作手順もしっかり確認しましょう。
※標準解答は、FOM出版のホームページで提供しています。P.5「5 学習ファイルと標準解答のご提供について」を参照してください。

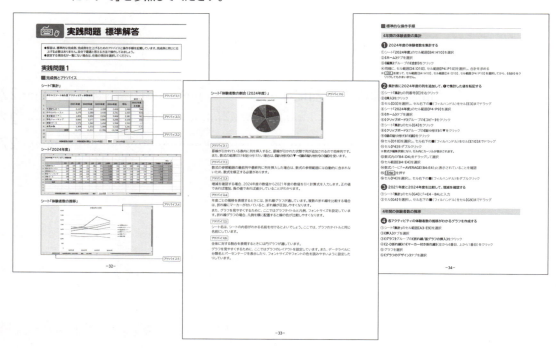

実践問題1

OPEN
E 実践問題1

PDF
標準解答 ▶ P.32

あなたは、リゾートホテルを運営する会社の企画部に所属しており、付加価値サービスとして提供しているアクティビティの企画を担当しています。
来年度のアクティビティを企画するにあたり、上司から、次のような点について、過去4年間の実績から各アクティビティの状況を確認するように指示されました。

● 各アクティビティの体験者数の過去4年間の動向はどのようになっているか
● 体験者の多い人気のアクティビティは何か
● 2024年度の各アクティビティ体験者数の割合はどのようになっているか

そこで、あなたは、表とグラフを作成して、4年間の実績を確認することにしました。
次の条件に従って、操作してみましょう。

【条件】

4年間の体験者数の集計

❶ 2024年度の体験者数を集計する

❷ 集計表に2024年度の列を追加して、❶で集計した値を転記する

❸ 2021年度と2024年度を比較して、増減を確認する

4年間の体験者数の推移

❹ 各アクティビティの体験者数の推移がわかるグラフを作成する

❺ グラフをグラフシートに移動して、シート名を変更する

❻ グラフが見やすくなるように、タイトルや書式を設定する

2024年度の各アクティビティの体験者数の割合

❼ 2024年度の体験者数の割合がわかるグラフを作成する

❽ グラフをグラフシートに移動して、シート名を変更する

❾ グラフが見やすくなるように、タイトルや書式を設定する

※ブックに「実践問題1完成」と名前を付けて、フォルダー「実践問題」に保存し、閉じておきましょう。

 # 実践問題2

OPEN 実践問題2

あなたは、引越会社でマーケティングチームに所属しており、北川市内に住む方を対象に、住まいに関するWebアンケート調査を実施しました。
アンケート結果を報告する資料を作成するにあたり、上司から、次のような内容を盛り込み、PDFファイルで提出するように指示されました。

- 最寄駅までの時間についての傾向はどうか
- 集合住宅に住む方のうち、どのような方が3年以内の引越しを考えているか

そこで、あなたは、アンケートフォームから抽出した回答データをもとに、資料の作成を開始しました。次の条件に従って、操作してみましょう。

【条件】

最寄駅までの時間の集計

❶ 表の上に集計欄を追加する

最短時間（分）	
最長時間（分）	
平均時間（分）	

❷ 最短時間、最長時間、平均時間を求める

集合住宅に住む方のデータの集計

❸ 表をテーブルに変換し、任意のスタイルを適用する

❹ 3年以内の引越し予定の有無を「あり」「なし」の表記に変更し、「あり」を目立たせる

❺ 住居形態が「集合住宅」のレコードだけを、居住歴の長い順に表示する

❻ 住居形態の列を非表示にする

PDFファイルの作成

❼ 集計欄やテーブルの上に見出しを付ける

> 1. 最寄駅までの時間
> 2. 集合住宅に居住する方（居住歴順）

❽ 1ページに収まるように設定する

❾ PDFファイルとして保存する
　ファイル名：「アンケート結果報告」
　保存場所：フォルダー「実践問題」

※ブックに「実践問題2完成」と名前を付けて、フォルダー「実践問題」に保存し、閉じておきましょう。

索引

INDEX 索引

記号
$の入力 ……………………………………… 125

数字
3桁区切りカンマの表示 ……………………… 80

A
AVERAGE関数 ………………………………… 74

C
COUNTA関数 ……………………………… 120
COUNT関数 ………………………………… 118

E
Excel ………………………………………… 11
Excelの概要 ………………………………… 11
Excelの画面構成 …………………………… 20
Excelの起動 ………………………………… 15
Excelの基本要素 …………………………… 19
Excelの終了 ………………………………… 32
Excelのスタート画面 ……………………… 16
Excelの表示モード ………………………… 25

M
MAX関数 …………………………………… 115
Microsoft Search …………………………… 20
Microsoft Searchを使った検索 ………… 234
Microsoftアカウントのユーザー情報 … 16,20
MIN関数 …………………………………… 116

P
PDFファイル ……………………………… 240
PDFファイルとして保存 ………………… 240
PDFファイルの発行対象 ………………… 241

S
SUM関数 …………………………………… 72

あ
アクセシビリティ ………………………… 21
アクセシビリティチェック ……………… 21
アクティブウィンドウ …………………… 19
アクティブシート ………………………… 19
アクティブセル ………………………… 19,21
アクティブセルの指定 …………………… 22
値軸 ………………………………………… 183
値軸の書式設定 …………………………… 192
新しいシート ……………………………… 21
新しいブックの作成 ……………………… 35

い
移動 ……………………………………… 49,56
移動（グラフ） …………………………… 174

移動（シート） …………………………… 136
色で並べ替え ……………………………… 212
色のセルを下部に並べ替え ……………… 212
色フィルター ……………………………… 216
印刷 …………………………………… 151,160
印刷（グラフ） …………………………… 179
印刷イメージの確認 ……………………… 160
印刷タイトル ……………………………… 158
印刷手順 …………………………………… 151
印刷範囲の解除 …………………………… 163
印刷範囲の調整 …………………………… 162
インデント ………………………………… 200

う
ウィンドウの操作ボタン ………………… 16
ウィンドウ枠固定の解除 ………………… 222
ウィンドウ枠の固定 ……………………… 222
埋め込みグラフ …………………………… 185
上書きして修正 …………………………… 42
上書き保存 ………………………………… 62

え
英字の入力 ………………………………… 37
エクスプローラーからブックを開く …… 18
エラー（数式） …………………………… 125
エラー（スピル） ………………………… 245
円グラフの構成要素 ……………………… 172
円グラフの作成 …………………… 169,170
演算記号 …………………………………… 47

お
オートカルク ……………………………… 121
オートコンプリート …………………… 224,225
オートフィル ……………………………… 63
オートフィルオプション ………………… 64
オートフィルの増減単位 ………………… 67
おすすめグラフ …………………………… 171
折り返して全体を表示する ……………… 97

か
解除（印刷範囲） ………………………… 163
解除（ウィンドウ枠固定） ……………… 222
解除（改ページ位置） …………………… 163
解除（グループ） ………………………… 135
解除（罫線） ……………………………… 76
解除（セルの結合） ……………………… 88
解除（セルのスタイル） ………………… 94
解除（セルの塗りつぶし） ……………… 79
解除（表示形式） ………………………… 84
解除（太字） ……………………………… 93
改ページ位置の解除 ……………………… 163
改ページ位置の調整 ……………………… 162
改ページの挿入 …………………………… 159
改ページプレビュー …………… 25,26,161

拡大/縮小率 ································163	
下線 ······································93	
画面構成（Excel）·························20	
関数 ·····································72	
関数の挿入 ·························108,111	
関数の入力 ··························72,109	
関数の入力方法 ·························108	

き

起動（Excel）······························15	
行 ·······································19	
強制改行 ·································97	
行と列の固定 ····························223	
行の固定 ·································222	
行の再表示 ·······························103	
行の削除 ·································99	
行の選択 ·································55	
行の挿入 ·································100	
行の高さの設定 ···························98	
行の非表示 ·······························103	
行番号 ···································21	
切り取り ·································49	
切り離し円の作成 ·······················178	

く

クイックアクセスツールバー ················20	
クイック分析 ·····························54	
空白のブック ··························16,35	
区分線 ···································189	
区分線の表示 ····························189	
グラフ ···································168	
グラフエリア ·························172,183	
グラフエリアの書式設定 ··················191	
グラフ機能 ·······························168	
グラフシート ····························185	
グラフスタイル ·····················171,176	
グラフタイトル ·····················172,183	
グラフタイトルの入力 ················173,184	
グラフの移動 ····························174	
グラフの色の変更 ·······················177	
グラフの印刷 ····························179	
グラフの更新 ····························179	
グラフの項目とデータ系列の入れ替え ·······186	
グラフの項目の並び順 ····················171	
グラフのサイズ変更 ······················175	
グラフの削除 ····························179	
グラフの作成手順 ·······················168	
グラフの種類の変更 ······················187	
グラフのデータ範囲の変更 ················182	
グラフの配置 ····························175	
グラフの場所の変更 ······················185	
グラフのレイアウト ······················189	
グラフフィルター ····················171,193	
グラフ要素 ·······························171	
グラフ要素の色の変更 ····················177	
グラフ要素の書式設定 ····················190	
グラフ要素の選択 ·······················173	
グラフ要素の非表示 ······················189	
グラフ要素の表示 ·······················188	

クリア ·································53,58	
クリア（テーブルスタイル）················205	
クリア（フィルターの条件）···············215	
繰り返し ·································77	
クリップボード ·····················49,51,52	
グループ ·································132	
グループの解除 ··························135	
グループの設定 ··························132	
グループ利用時の注意 ····················134	

け

罫線 ·····································76	
罫線の解除 ·······························76	
桁区切りスタイル ·························80	
検索 ·····································233	
検索場所 ·································234	
《検索》ボックスを使ったフィルター ·········218	

こ

合計 ·····································72	
格子線 ···································76	
降順 ·····································206	
構造化参照 ·······························205	
項目軸 ···································183	
ゴースト ·································243	
コピー ·································51,57	
コピー（シート）·························137	
コピー（数式）······················66,141	
コマンドの実行 ···························56	

さ

最近使ったアイテム ·······················16	
再計算 ······························46,48	
最小化 ···································16	
最小値 ···································116	
サイズ変更（グラフ）·····················175	
最大化 ···································16	
最大値 ···································115	
再変換 ···································44	
サインアウト ·····························16	
サインイン ·······························16	
削除（行）·································99	
削除（グラフ）····························179	
削除（シート）····························28	
削除（数式）······························243	
削除（複数行）····························101	
削除（列）·································101	

し

シート ···································19	
シート間の集計 ··························139	
シート全体の選択 ·························55	
シートの移動 ····························136	
シートの切り替え ·························29	
シートのコピー ··························137	
シートの削除 ·····························28	
シートのスクロール ·······················23	
シートの選択 ·····························29	
シートの挿入 ·····························28	

275

索引

シート見出し	21
シート見出しの色	131
シート名に使えない記号	131
シート名の変更	130
軸の反転	192
軸ラベル	183
軸ラベルの書式設定	190
軸ラベルの表示	188
自動保存	20,21
斜線	78
斜体	93
集計行の表示	221
終了（Excel）	32
縮小して全体を表示する	97
小計の合計	75
条件のクリア	215
昇順	206
小数点以下の表示	83
小数点以下の表示桁数を増やす	80
小数点以下の表示桁数を減らす	80
ショートカットツール	170,171
書式のクリア（検索と置換）	239
書式のコピー/貼り付け	224
書式のコピー/貼り付けの連続処理	224
書式の置換	236
新規	16

す

垂直方向の配置	86
数式	46
数式によるセル参照	142
数式のエラー	125
数式のコピー	66,141
数式の再計算	46,48
数式の削除	243
数式の自動入力	227
数式のセル参照	58
数式の入力	46,47,139,205,242
数式の編集	48,243
数式バー	21
数式バーの展開	21
数値	36
数値の個数	118
数値の書式	80
数値の並べ替え	206
数値の入力	40,65
数値フィルター	217,218
ズーム	21,27
スクロール	23
スクロール機能付きマウス	24
スクロールバー	21
スタート画面	16
スタイル（グラフ）	176
スタイル（セル）	94
ステータスバー	21
ステータスバーのズーム機能	27
スピル	242
スピルのエラー	245
スピル範囲	243

スピル範囲演算子	244
スピル利用時の注意点	245
すべてクリア	53
すべて検索	234

せ

絶対参照	122,124
セル	19,21
セル参照	142,143
セル参照の種類	122
セルの値を参照する数式	143
セルの色で並べ替え	212
セルの結合	87
セルの結合の解除	88
セルのスタイル	94
セルのスタイルの解除	94
セルの塗りつぶし	79
セルの塗りつぶしの解除	79
セル範囲	54
セル範囲の選択	54,55
セルを結合して中央揃え	87
全セル選択ボタン	21
選択範囲内で中央	88

そ

相対参照	122,123
挿入（改ページ）	159
挿入（行）	100
挿入（シート）	28
挿入（複数行）	101
挿入（列）	101
挿入オプション	100,101

た

タイトルバー	20
縦書き	88
縦棒グラフ	181
縦棒グラフの構成要素	183
縦棒グラフの作成	181,182
縦横の合計を一度に求める	134

ち

置換	235
置換（書式）	236
置換（文字列）	235
中央揃え	86
抽出	213
抽出結果の絞り込み	214

つ

追加（レコード）	205,224
通貨表示形式	80
通常のセル範囲への変換	203

て

データ系列	172,183
データの確定	38
データの個数	120
データの修正	42

データの種類	36
データの抽出	213
データの並べ替え	206
データの入力	36
データの入力手順	36
データの編集	49
データ範囲の変更（グラフ）	182
データベース	199
データベース機能	199
データベース用の表	199
データ要素	172
データ要素の選択	179
データラベル	172
テーブル	201
テーブルスタイル	202,204
テーブルスタイルのオプション	205
テーブルスタイルのクリア	205
テーブルの利用	205
テーブルへの変換	202
テキストフィルター	217
テンキー	40
テンキーの利用	40

と

等号	46
閉じる（Excel）	16
閉じる（ブック）	30
トップテンオートフィルター	219
ドロップダウンリストから選択	226

な

長い文字列の入力	44
名前ボックス	20
名前を付けて保存	60
並べ替え	199,206
並べ替え（数値）	206
並べ替え（セルの色）	212
並べ替え（日本語）	208
並べ替え（複数キー）	210
並べ替えのキー	211

に

日本語入力モードの切り替え	227
日本語の並べ替え	208
日本語の入力	38
入力（$）	125
入力（英字）	37
入力（関数）	72,109
入力（グラフタイトル）	173,184
入力（数式）	46,47,139,205,242
入力（数値）	40,65
入力（データ）	36
入力（長い文字列）	44
入力（日本語）	38
入力（範囲）	101
入力（日付）	41,63
入力（文字列）	37
入力（連続データ）	64,66
入力中のデータの取り消し	38

| 入力モードの切り替え | 37 |

は

パーセントスタイル	80
パーセントの表示	81
ハイコントラストのみ	79
配置の設定	86
貼り付け	49,51
貼り付けのオプション	52
範囲	54
範囲選択の一部解除	55
範囲の選択	54
範囲を選択したデータ入力	101
凡例	172,183

ひ

引数	72
引数の自動認識	75
日付の選択	220
日付の入力	41,63
日付の表示	84
日付フィルター	217,219
表示形式	80
表示形式の解除	84
表示形式の詳細設定	85
表示選択ショートカット	21
表示倍率の変更	27
表示モード	25
標準	25
表作成時の注意点	200
表の印刷	151
表の構成	199
表の並べ替え	208
表を元の順序に戻す	207
開く	16
開く（ブック）	17,18
広いセル範囲の選択	55

ふ

フィールド	199
フィールド名	199
フィルター	199,213
フィルターモード	220
フィルハンドル	63
フィルハンドルのダブルクリック	65
フォント	89
フォントサイズ	90
フォントサイズの直接入力	90
フォントの色	91
複合参照	125
複数キーによる並べ替え	210
複数行の削除	101
複数行の選択	55
複数行の挿入	101
複数シートの合計	141
複数シートの選択	133
複数のセル範囲の選択	55
複数列の選択	55
ブック	19

277

ブックとExcelを同時に閉じる	32
ブックの作成	35
ブックの自動回復	62
ブックの保存	60
ブックを閉じる	30
ブックを開く	17,18
フッター	155
太字	92
太字の解除	93
太線	77
部分的な書式設定	93
フラッシュフィル	228
フラッシュフィルオプション	229
フラッシュフィル利用時の注意点	229
ふりがなの設定	209
ふりがなの表示	209
ふりがなの編集	209
プロットエリア	172,183

へ

平均	74
ページ区切りの線	161
ページ数に合わせて印刷	163
ページ設定	159
ページレイアウト	25,26,152
別シートのセルの参照	142
ヘッダー	155
ヘッダー/フッター要素	157
ヘッダーやフッターへの文字列の入力	157
編集状態にして修正	42,43

ほ

ホイール	24
ポイント	90
ホーム	16
保存（PDFファイル）	240
保存（ブック）	60
保存しないでブックを閉じた場合	31
ボタン名の確認	50
ポップヒント	50

ま

マウスポインター	21
マクロ	14

み

見出しスクロールボタン	21

も

文字の書式の一括設定	93
文字の書式の設定	89
文字列	36
文字列全体の表示	97
文字列の強制改行	97
文字列の置換	235
文字列の入力	37
文字列の編集	44
文字列の方向	88
元に戻す	59

元のサイズに戻す	16

や

やり直し	59

よ

用紙サイズ	153
用紙の向き	153
余白の変更	154

り

リアルタイムプレビュー	79
リボン	20
リボンを折りたたむ	20
リンク貼り付け	143

る

ルーラー	153

れ

レイアウト（グラフ）	189
レコード	199
レコードの抽出	213
レコードの追加	205,224
列	19
列の固定	223
列の再表示	103
列の削除	101
列の選択	55
列の挿入	101
列の幅の自動調整	96
列の幅の設定	95
列の非表示	102
列番号	21
列見出し	199
列見出しの追加	205
連続データの入力	64,66

わ

ワークシート	19

おわりに

最後まで学習を進めていただき、ありがとうございました。Excelの学習はいかがでしたか？
本書では、表の作成や数式の入力、印刷、グラフの作成、データベースの利用など、日々の業務で役立つ様々な機能をご紹介しました。
「なるほど！Excelは便利だな」「業務にいかせそうだな」など、学習の中に新しい発見があったら、うれしいです。
もし、難しいなと思った部分があったら、練習問題や総合問題を活用して、学習内容を振り返ってみてください。繰り返すことでより理解が深まります。さらに、実践問題に取り組めば、最適な操作や資料のまとめ方を自ら考えることで、すぐに実務に役立つ力が身に付くことでしょう。
また、本書での学習を終了された方には、「よくわかる」シリーズの次の書籍をおすすめします。
「よくわかる Excel 2024応用」では、条件判断や日付の計算などの関数の使い方やグラフィック機能を使った企画書の作成、ピボットテーブル・ピボットグラフの作成、マクロを使った自動処理など、応用的かつ実用的な機能を解説しています。Excelを使いこなせば、日々の作業がぐんと効率的になり、新しい発見もたくさんあるはずです。Let's Challenge！！

FOM出版

FOM出版テキスト 最新情報のご案内

FOM出版では、お客様の利用シーンに合わせて、最適なテキストをご提供するために、様々なシリーズをご用意しています。

 FOM出版　検索

https://www.fom.fujitsu.com/goods/

FAQのご案内
［テキストに関するよくあるご質問］

FOM出版テキストのお客様Q＆A窓口に皆様から多く寄せられたご質問に回答を付けて掲載しています。

 FOM出版　FAQ 検索

https://www.fom.fujitsu.com/goods/faq/

よくわかる
Microsoft® Excel® 2024 基礎
Office 2024／Microsoft 365 対応
（FPT2414）

2025年 3 月 5 日　初版発行
2025年 7 月14日　初版第 2 刷発行

著作／制作：株式会社富士通ラーニングメディア

発行者：佐竹　秀彦

発行所：FOM出版（株式会社富士通ラーニングメディア）
エフオーエム
　　　　〒212-0014 神奈川県川崎市幸区大宮町 1 番地 5　JR川崎タワー
　　　　https://www.fom.fujitsu.com/goods/

印刷／製本：アベイズム株式会社

●本書は、構成・文章・プログラム・画像・データなどのすべてにおいて、著作権法上の保護を受けています。
　本書の一部あるいは全部について、いかなる方法においても複写・複製など、著作権法上で規定された権利を侵害
　する行為を行うことは禁じられています。
●本書に関するご質問は、ホームページまたはメールにてお寄せください。
　＜ホームページ＞
　上記ホームページ内の「FOM出版」から「QAサポート」にアクセスし、「QAフォームのご案内」からQAフォームを
　選択して、必要事項をご記入の上、送信してください。
　＜メール＞
　FOM-shuppan-QA@cs.jp.fujitsu.com
　なお、次の点に関しては、あらかじめご了承ください。
　・ご質問の内容によっては、回答に日数を要する場合があります。
　・本書の範囲を超えるご質問にはお答えできません。　・電話やFAXによるご質問には一切応じておりません。
●本製品に起因してご使用者に直接または間接的損害が生じても、株式会社富士通ラーニングメディアはいかなる
　責任も負わないものとし、一切の賠償などは行わないものとします。
●本書に記載された内容などは、予告なく変更される場合があります。
●落丁・乱丁はお取り替えいたします。

©2025 Fujitsu Learning Media Limited
Printed in Japan
ISBN978-4-86775-142-8